DEUTSCHE MINENSUCH- UND RÄUMBOOTE

MINENLEGER UND TRANSPORTER SEIT 1914

Knut Schäfer

Motor buch Verlag

Einbandgestaltung: Frank Zähringer unter Verwendung eines Fotos von Abeking & Rasmussen Schiffs- und Yachtwerf SE (Minenjagdboot M 1066 FRANKENTHAL) sowie eines Postkartenmotivs (Minensuchboot M 76 der 1916er Klasse) und eines gemeinfreien Fotos (Minensuchboot M 306 der 1940er Klasse).

Bildnachweis: Alle Fotos stammen, soweit sie nicht anders gekennzeichnet sind, aus Sammlungen von Manfred Roth, Peter Seemann, Hans Karr, des Autors und der Deutschen Marine. Postkarten und Schiffsrisse stammen aus der Sammlung des Autors und sind nachweisbar. Die teilweise geminderte Bildqualität ist auf das Alter der Abbildungen und die Umstände ihres Entstehens zurückzuführen. Eine eventuelle Urheberrechtsverletzung ist unbeabsichtigt.

ISBN: 978-3-613-04422-7

1. Auflage 2021

Sie finden uns im Internet unter www.motorbuch-verlag.de

Lektorat: Joachim Köster
Innengestaltung: WS – WerbeService Linke, 76185 Karlsruhe
Druck und Bindung: Conzella, 85609 Aschheim-Dornach
Printed in Germany

INHALT

VORWORT

Über die Seeminenwaffe, ihre Anwendung und Bekämpfung ist schon viel geschrieben worden. Seeminen spielen seit Beginn des 20. Jahrhunderts eine immer größere Rolle. Sie werden sowohl defensiv zur Verteidigung als auch offensiv als Angriffswaffe genutzt. Gerade der Minenabwehr fällt deshalb eine hohe Verantwortung zu, da sie mit entsprechenden Booten und Schiffen die Minen des Gegners finden und vernichten – also »suchen« und »räumen« – muss.

Diese verantwortungsvolle und gefährliche Aufgabe lösen gut ausgebildete Besatzungen mit ihren Minensuch- und -räumbooten. Deshalb sollen im Mittelpunkt dieses Buches die Boote und Schiffe stehen, welche von ihren Besatzungen genutzt wurden und werden, um einerseits diese Minen-Waffen zum Einsatz zu bringen und andererseits sie wieder zu beseitigen.

Das reich illustrierte Typenbuch präsentiert alle bisherigen Boote und Schiffe, die seit Beginn des Ersten Weltkrieges von ihren Besatzungen dazu genutzt wurden, Minensperren aufzuspüren und zu räumen. Im Mittelpunkt stehen Serienproduktionen mit der klaren Zielstellung zur Minenbekämpfung. Die vielen kleinen Räumboote und Räumbarkassen wurden nicht erfasst. Es konnten auch nicht alle Schiffe und Boote berücksichtigt werden, die Minenschienen auf Deck haben bzw. hatten. Ebenso gibt es von den Sperrbrechern, Minenlegern und Minentransportern sowie Hilfsminenlegern nur eine Auswahl. Die Anzahl dieser deutschen Schiffe ist sehr groß. Die verschiedenen Minentypen sowie Räumgeräte werden nur kurz im Anhang erwähnt und beschrieben.

Das Buch wendet sich nicht an den Super-Experten auf diesem Gebiet, sondern ist mehr gedacht für eine grundlegende Orientierung und Einordnung aller Minenräum-, -such- und -legekräfte. Es soll ein Nachschlage- und Hilfsangebot für Suchende sein, Unterstützung geben und bei dem jungen maritimen Leser Neugier erwecken.

Die technischen Daten zu den Schiffen und Booten mussten oft angepasst werden. So Maschinenleistungen grundsätzlich in »kW«, bei den Kaliberangaben der Waffen unterschiedlich in »cm« oder »mm«.

Der Autor bedankt sich für die hilfreiche Unterstützung bei der Beschaffung von Bildmaterial sowie von aussagekräftigen Unterlagen bei der Deutschen Marine und dem Verlag Bernhard & Graefe.

Ganz besonderer Dank gebührt dem Mitglied der »Sail Training Association Germany« und Vorsitzenden der Marinekameradschaft Wetzlar, Herrn Manfred Roth aus Hüttenberg, der es auf sich nahm, Archive aufzusuchen und nach gezielten Aussagen zu suchen. Hervorzuheben sind auch Korvettenkapitän a.D. Peter Seemann aus Rostock, welcher mir bei der Fotosuche hilfreich zur Seite stand und Herr Jürgen Heil aus Schlüchtern, welcher mit seinen Tipps und Hinweisen nicht sparte. Dank auch an das Marinemuseum Dänholm für das bereitgestellte Material.

Schlüchtern, im August 2021

Knut Schäfer

EINLEITUNG

Anfang des 20. Jahrhunderts traten sie immer öfters in das Blickfeld der Marine-Militärs: Sie tauchten auf, im wahrsten Sinne des Wortes: die Minen – die Seeminen. Über ihre Entstehung und Entwicklung findet man in der Fachliteratur die unterschiedlichsten Auffassungen. Als Wegbereiter werden übereinstimmend die Amerikaner David Bushnell (1742–1826) und Robert Fulton (1765–1815) genannt. Bushnell bewies in der Praxis, dass Pulverladungen auch unter Wasser gezündet werden können. Fulton untermauerte diese Erkenntnis durch eigene praktische Experimente und veröffentlichte diese in seinem Buch »Torpedo war or submarine explosions«. Die Perfektionierung dieser Waffe lief über viele Stationen. Hier ein paar Beispiele:

- Am 18.10.1842 zündete Colonel Samuel Colt (1814–1862) auf elektrischem Wege eine Mine im Hafen von New York und versenkte vor 40.000 Zuschauern die 300-Tonnen-Brig VOLTA.
- Im Krimkrieg (1853–1856) wurden erstmalig Verteidigungsminensperren errichtet. Sie bestanden aus etwa 520 Minen mit überwiegend stoßgalvanischer Zündung.[1)]
- In Preußen wurde 1868 ein Versuchsdetachement für die Entwicklung und Erprobung von Seeminen gebildet. Dort wurde die Ankertaumine C/77 entwickelt und 1877 bei der Marine eingeführt.

Die Beispiele ließen sich endlich fortführen. Aber der entscheidende Ruck für den massenhaften Einsatz von Seeminen und deren weiteren Entwicklung hängt eng mit den Ereignissen im Russisch-Japanischen Krieg und der Zerschlagung des zweiten russischen Pazifikgeschwaders 1905 zusammen.

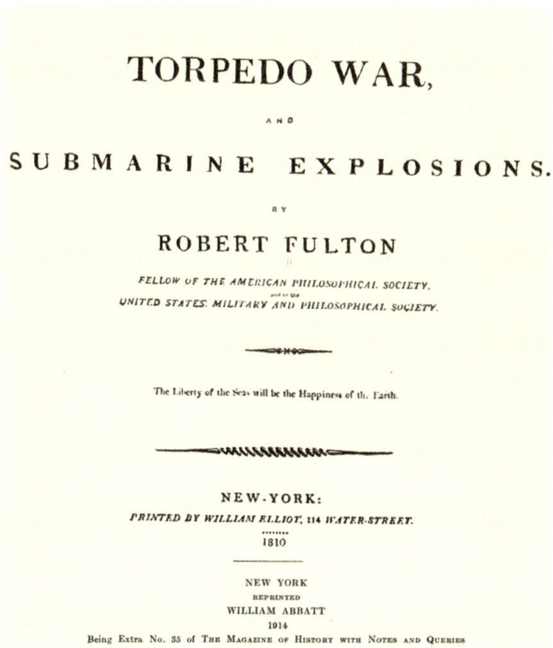
TORPEDO WAR,

AND

SUBMARINE EXPLOSIONS.

BY

ROBERT FULTON

FELLOW OF THE AMERICAN PHILOSOPHICAL SOCIETY, and of the UNITED STATES MILITARY AND PHILOSOPHICAL SOCIETY.

The Liberty of the Seas will be the Happiness of the Earth.

NEW-YORK:
PRINTED BY WILLIAM ELLIOT, 114 WATER-STREET.
1810

NEW YORK
REPRINTED
WILLIAM ABBATT
1914
Being Extra No. 35 of THE MAGAZINE OF HISTORY WITH NOTES AND QUERIES

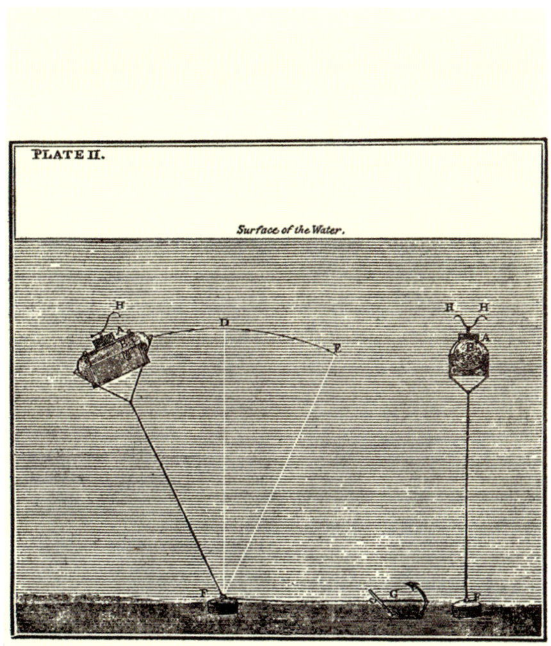

Ein Blick in das von Fulton 1810 veröffentlichte Buch über seine Experimente und Schlussfolgerungen.

Minenleger AMUR. (Wikimedia, gemeinfrei)

Die JENNISSEI. Im Hintergrund der Kreuzer BOJARIN.

Russland hatte die Bedeutung und die taktischen Möglichkeiten dieser neuen Waffe auf See rechtzeitig erkannt. Bereits 1898 und 1901 wurden in Sankt Petersburg zwei Minenleger der Amur-Klasse gebaut. Die JENNISSEI und die AMUR waren die ersten speziell zum Minenlegen gebauten hochseefähigen Minenleger der Welt. Sie verlegten 1901/02 zum Pazifischen Geschwader nach Port Arthur.

Wie entscheidend eine gut ausgebildete Mannschaft für den Einsatz dieser Waffe ist, zeigt die Historie dieser beiden Schiffe: Die JENNISSEI versenkte sich im Februar 1904 selbst durch eine von ihr vor Port Arthur in der Bucht von Dalian gelegte Mine. Beim Legen eines Minenfeldes löste sich eine Mine, trieb auf das Schiff zu und beim Ausweichen lief das Schiff auf eine bereits ordnungsgemäß verlegte Mine. Bei der Explosion entzündeten sich weitere acht Minen an Oberdeck und der zu seiner Zeit modernste Minenleger der Welt versank innerhalb von 20 Minuten. 100 Besatzungsmitglieder fanden dabei den Tod. Der Kreuzer BOJARIN und vier Torpedoboote eilten zur Hilfe. Der Kreuzer lief ebenfalls auf eine Mine der JENNISEI. Er wurde in der Bucht von Dalian angetrieben und konnte nicht geborgen werden.

Die AMUR hatte mehr Erfolg. In einem von ihr gelegten Minenfeld sanken im Mai 1904 die japanischen Linienschiffe HATSUSE und YASHIMA, über 700 Mann starben. Japanische Haubitzen zerstörten die im Trockendock im Hafen von Port Arthur liegende AMUR im Dezember 1904.

Umgekehrt verminten die Japaner das Gebiet vor Port Arthur. Das Flaggschiff der Pazifikflotte, das Panzerschiff PETROPAWLOWSK, lief in das Minenfeld, explodierte und versank (638 Tote).

Panzerschiff PETROPAWLOWSK. Die Ursache für die Beschädigung am Bug ist unbekannt.

Die PETROPAWLOWSK explodiert. (Wikimedia, gemeinfrei)

In diesem Krieg wurden von Russland 4275 Minen gelegt, denen 13 japanische Kriegsschiffe zum Opfer fielen. Mit Ausbruch des Ersten Weltkrieges trat diese Waffe endgültig in das maritime Waffenarsenal ein. Hier einige Einsatzbeispiele:

- o Am 02. August 1914, mit Beginn des Seekrieges in der Ostsee, legten die Kleinen Kreuzer AUGSBURG und MAGDEBURG vor Libau (heute: Liepāja, Lettland) Minen und beschossen die Hafenanlagen.
- o Das Minenschiff KÖNIGIN LUISE legte am 05. August 1914 Minen vor der Themsemündung und wurde danach von starken britischen Seestreitkräften vernichtet. Sie war das erstes deutsche sinkende Kriegsschiff im Ersten Weltkrieg. Von den britischen Schiffen wurden 46 Mann gerettet, die Zahl der Toten schwankt in den Angaben zwischen 54 und über 100.
- o Der englische Leichte Kreuzer AMPHION sank am 06. August 1914 durch zwei Minentreffer der Königin LUISE. Die AMPHION war das erste Schiff der Royal Navy, welches im Ersten Weltkrieg verloren ging. Das Schiff sank innerhalb von 15 Minuten. Bei ihrem Untergang starben etwa 150 britische Seeleute und 18 der Überlebenden der KÖNIGIN LUISE.
- o Vor den Mündungen der Tyne und der Humber warfen in einem Nachteinsatz die Minenleger ALBATROS und NAUTILUS sowie die Kleinen Kreuzer STUTTGART und MAINZ weitere Minen vor der englischen Ostküste.
- o Während des Ersten Weltkrieges wurden etwa 300.000 Minen der verschiedensten Typen gelegt, davon im Seeraum um Europa etwa 187.000.
- o Bis zum Ende des Krieges gingen durch Minen verloren:

  23 Prozent aller Linienschiffe und Kreuzer,
  57 Prozent der Zerstörer und Torpedoboote und
  27 Prozent aller U-Boote.
  Fast alle während des Krieges gesunkenen Minensucher gingen durch Minentreffer verloren.

Wie wirksam Sperren sein können, zeigten die elf Minenunternehmungen deutscher Zerstörer gegen die englische Ostküste mit Beginn des Zweiten Weltkrieges: Vier Einsätze vor der Themsemündung, drei in das Seegebiet vor Cromer und je zwei Einsätze in die Humbermündung und vor den River Tyne bei Newcastle. Bei den Unternehmungen vom Oktober 1939 bis Februar 1940 wurden hauptsächlich die neu entwickelten Grundminen geworfen. Sieben Zerstörer waren daran in mehrmaligen Einsätzen beteiligt. [2)]
76 Schiffe fielen diesen Sperren zum Opfer, darunter 67 Handelsschiffe mit 252.237 BRT, drei britische Zerstörer und sechs Hilfskriegsschiffe.

HMS AMPHION. (Wikimedia, gemeinfrei)

EMC-Minen an Bord eines Zerstörers, Herbst 1940. (Foto: Wikipedia, gemeinfrei)

»Wie das Übernehmen der Minen an Bord ein Alle-Mann-Manöver ist, trifft dies auch jetzt für das Minenwerfen zu. Alle verfügbaren Kräfte helfen im Minendeck. Notwendige Befehle gehen telefonisch von der Brücke bis zur Wurfbühne nach achtern. Die Tiefeneinstellungen an den Minen sind genauestens vorgenommen, und auf das Signal vom Führungsschiff beginnt das Werfen.
Eine Mine nach der anderen rollt, auf den Minenschienen achteraus geschoben, bis zum Heck. Hier, auf der Wurfbühne, stehen die letzten der Männer, die mit den Minen zu tun haben. Tüchtige Seeleute, die auch bei Seegang fest auf den Beinen bleiben. Je zwei packen von der Seite und zwei von hinten zu und schieben und stoßen die Mine mit nachhaltigem Schwung von Bord. Mit dem Kopf voran taucht die hörnerbewehrte Kugel ins aufsprühende Naß. Auch – oder gerade – im Dunkel der Nacht ist das eigentlich ein packendes Bild. Der lange Anmarsch und alle Mühen haben sich gelohnt.
Weiter geht das Minenwerfen. Ohne Unterbrechung. Nach Befehl des Sperrwaffenoffiziers fallen die Minen abwechselnd mal an Backbord, mal an Steuerbord in zeitlichem, nach der Stoppuhr gemessenem Abstand, bis die letzte von Bord ist. Gähnend leer, einer vom Publikum verlassenen Halle gleich, wirkt das Minendeck. Nur die Minenschienen sind geblieben und warten auf neue Ladung«.[3)]

Im weiteren Verlauf des Zweiten Weltkrieges wurden 708.000 Minen verschiedener Typen gelegt. Nach unterschiedlichen Angaben sind durch britische Minen 250 Kriegsschiffe und 800 Handelsschiffe und durch deutsche Minen 281 Kriegsschiffe und 206 Handelsschiffe vernichtet worden.[4)]
Um großflächige Minensperren einzurichten und die gegnerischen Sperren zu räumen, wurden vielfältige Fahrzeuge und technische Mittel benötigt und entwickelt. Neben traditionellen Minenlegern und Minensuchern entstanden auch mit Beginn des Ersten Weltkrieges spezielle Minen-U-Boote. Marine-Luftschiffe wurden zur Aufklärung von Minenfeldern herangezogen. Und während des Zweiten Weltkrieges erfolgte der Einsatz von Minen zusätzlich durch Flugzeuge. Im nächsten Kapitel sehen wir uns diese Fahrzeuge näher an.

MINENABWEHRSCHIFFE

Hochsee-Minensuch- und -räumboote

Kurz vor Kriegsausbruch 1914 stellte die Kaiserliche Marine fest, dass es in der Flotte kaum Möglichkeiten zur Beseitigung von Minensperren gab. Die dann folgende Ausdehnung des Minenkriegs in die Nord- und Ostsee verlangte schnelles Handeln. Als erstes Notprogramm wurden alte Torpedoboote (gebaut in den Jahren 1885 bis 1892) zu Minensuchern umgerüstet. Erste Umrüstungen gab es bereits 1910. Achtundzwanzig dieser Boote bildeten den Grundstock der 1. und 2. Minensuchdivision in Wilhelmshaven. Von den 83 gebauten Torpedobooten wurden 1910 und 1914 insgesamt 63 Boote zu Minensuchern umdeklariert. Es blieb aber eine Notlösung.

Diese Boote hatten entweder 30 Minen oder ein Räumgerät zur Bekämpfung von Ankertauminen an Bord. Die Bewaffnung bestand vereinzelt aus der 1892 entwickelten 5,0-cm-SK. Die überwiegende Anzahl der Boote war unbewaffnet.

Minensuchboot 1914

Die Entwicklung und der Bau neuer, zweckgerichteter Boote für die Minenräumung stand nun unmittelbar auf der Tagesordnung. Von der Hilfsminensuchdivision aus Swinemünde wurde ein erster Forderungskatalog auf den Tisch gelegt. Der Vorschlag wurde ernsthaft geprüft und nahm seinen Weg durch die Marine- und Bauinstanzen.

Die schließlich genehmigte Bauplanung sah ein Boot von 450 Tonnen vor. Es hatte zwei Kolbendampfmaschinen und zwei Kessel. Damit wurden 1400 PS (1029,7 kW) entwickelt und eine Höchstgeschwindigkeit von 16 Knoten erreicht. Die Ausrüstung bestand aus dem Minenräumgerät und zwei 8,8-cm-Geschützen. 100 Tonnen Kohlen konnten gebunkert werden. Dieser Vorrat reichte bei einer Marschfahrt von 12 Knoten für 5 Tage. Die Baukosten betrugen 500.000 Mark und die Bauzeit nur viereinhalb Monate.

Minensuchdivision in Wilhelmshaven. Noch mit der Torpedobootskennung -S-. Nach dem 11.09.1910 mit der endgültigen Aufstellung erhielten die Boote die Kennung -T- (ursprünglich von Tender). (Foto: Postkarte)

Minensuchboot 1914. (Foto: Bundesarchiv, Bild 134-B1010)

Die Mannschaften wurden im Vorschiff an Oberdeck untergebracht. Steuerbord das seemännische Personal (I. Division) und Backbord das technische Personal (II. Division). Geschlafen wurde in Hängematten. Unter dem Mannschaftsdeck befanden sich das Deck für sieben Unteroffiziere ohne Portepee, eine Doppelkammer für zwei Portepee-Unteroffiziere oder Decksoffiziere sowie die Unteroffiziermesse. Der Leitende Maschinist und der Erste Wachoffizier teilten sich im Oberdeckaufbau je eine Einzelkammer. Im Achterschiff befanden sich die Kammer des Kommandanten, die Offiziersmesse, welche als gleichzeitiger Wohnraum des zweiten Wachoffiziers diente, sowie eine Portepeeunteroffiziermesse mit einem Reserveschlafplatz.

Im August 1915 gingen die ersten Boote an die Front. Diese ersten Minensuchboote der Bauplanung 1914 (Amtsentwurf 1914) bildeten die Grundlage aller weiteren Entwicklungen bis 1945.

Von diesen 26 Booten hatten einige einen langen Lebensweg: *M10* wurde 1922 an Griechenland verkauft und zum Hilfskreuzer AKTION klassifiziert. 1930 ging es an Kanada, erhielt dort den Namen PRINZ WILLIAM und wurde 1947 verschrottet. *M19*, von der Reichsmarine und der Kriegsmarine als Schulboot genutzt, sank am 01. März 1945 während eines Sturmes. Elf Boote dieser Klasse gingen durch Minentreffer verloren und 13 wurden 1922 verkauft.

Minensuchboot 1915

Der Amtsentwurf 1915 (ab *M 27*) orientierte auf eine stärkere Bewaffnung. Die ersten Einsätze der vorhergehenden Boote hatten gezeigt, dass die Bewaffnung zu schwach war, um gegen gleich große oder andere kleine alliierte Schiffe bestehen zu können. Deshalb wurden die Boote *M 27* bis *M 42* mit je zwei Schnellfeuerkanonen (SK) 10,5-cm, *M 43* bis *56* und *M 75* bis *84* mit je drei SK 8,8-cm ausgerüstet.

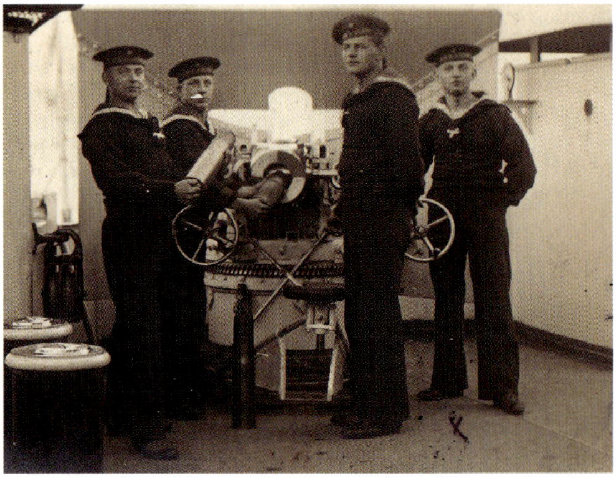

8.8-cm-SK L/30 mit Schild und Bedienmannschaft in Winteruniform. (Foto: Wikimedia gemeinfrei)

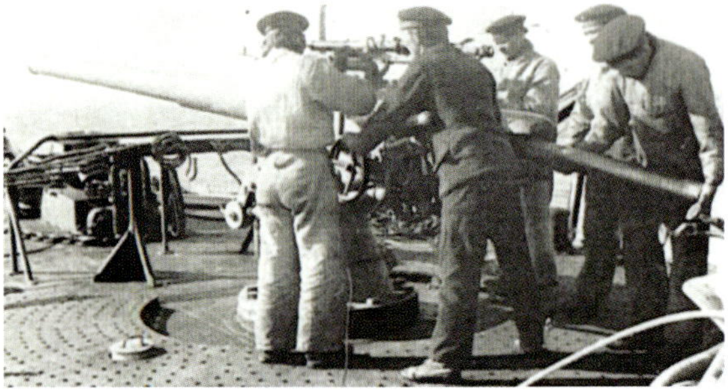

Eine 10,5-cm-SK L/40 auf einem Minensuchboot des Ersten Weltkrieges. (Foto: Wikimedia gemeinfrei)

Einige Boote waren bis in die 50er Jahre des 20. Jahrhunderts im Einsatz. So zum Beispiel *M 28*. Es diente bis in die 1950er Jahre. Bei der RM erhielt es 1929 den Namen PELIKAN und wurde beim Sperrversuchs-Kommando als Versuchsschiff genutzt. Die KM übernahm das Boot. Es erhielt im Oktober

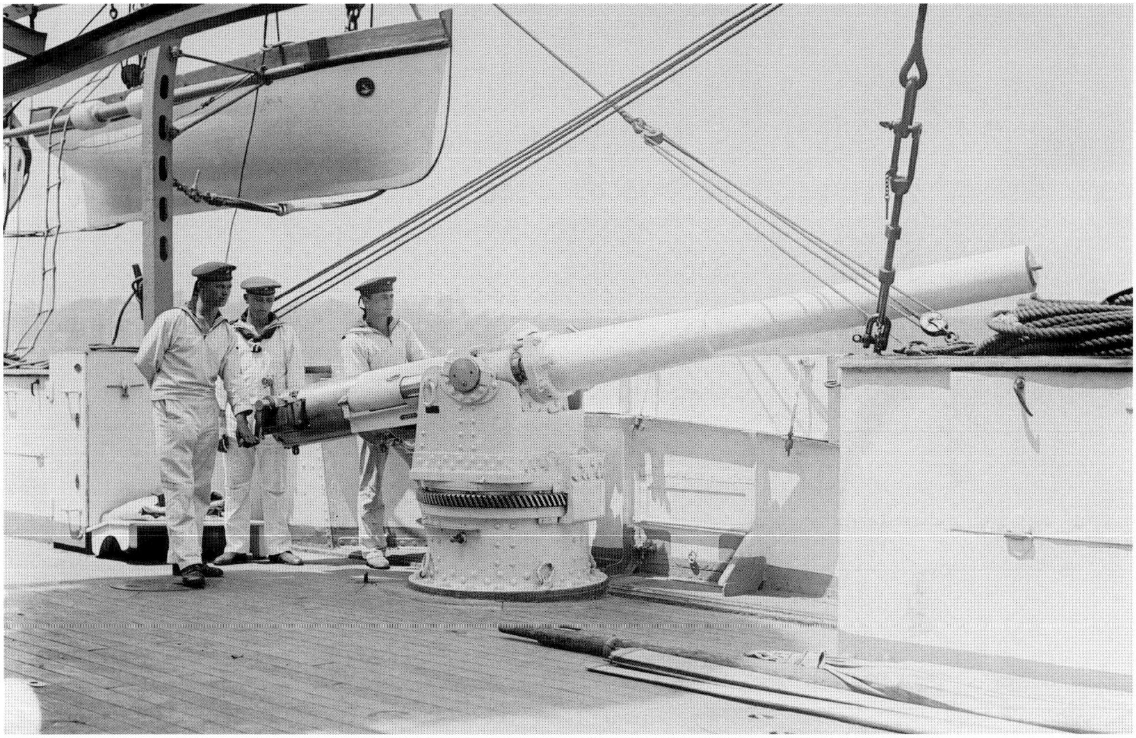

10,5-cm auf dem Kleinen Kreuzer SMS BREMEN. (Foto: Library of Congress Photograph ID LC-DIG-ggbain-08813.

M 52 *am 26. November 1916 in Dienst gestellt, ging es 1922 als MARGA an Argentinien und erhielt die taktische Nummer* M 3 *und 1936 den Namen JORGE. Im Januar 1940 als Aviso klariert und in CORMORAN umbenannt, wurde das Boot im August 1946 abgebrochen. (Foto: Wikipedia gemeinfrei)*

Hier ein Angriff der RAF am 12. August 1944 auf einen Minensucher und zwei Hilfsschiffe vor Royan, Frankreich. (Foto: PA)

1940 die Bord-Nummer *M 528*. 1945 als Kriegsbeute an die USA, wurde das Boot im gleichen Jahr bei der GMSA, dem Deutschen Minenräumdienst, bis Oktober 1947 eingesetzt und anschließend an den OMGUS übergeben. Nach erfolgtem Umbau zum Wohnschiff verblieb es bis September 1949 in der Seebeck-Werft und wurde 1950 abgebrochen.

Elf Boote gingen durch Kriegseinwirkungen verloren. 17 wurden in den Jahren 1921/22 verkauft und verschrottet. Ein Boot (*M 38*) wurde 1946 an die Sowjetunion ausgeliefert. Ein weiteres Boot als Wohnschiff genutzt und 1950 abgebrochen.

Minensuchboot 1916

Die Minensuchboote vom Amtsentwurf 1916 waren die größten gebauten Boote ihrer Klasse. Gegenüber 450 bis 480 Tonnen wiesen sie ein Deplacement von 500 bis 535 Tonnen auf. Die Bewaffnung veränderte sich kaum. Als Neuerung kam hinzu, dass diese Boote außer zur Minensuche und Minenräumung auch im Geleitdienst und zur U-Boot-Jagd eingesetzt werden konnten.

Insgesamt wurden 119 Boote in Auftrag gegeben. Bei den letzten 18 zum Ende des Krieges ist der Auftrag storniert worden. 13 Boote waren zu diesem Zeitpunkt noch im Bau und deshalb abbruchreif. Sechs noch nicht fertiggestellte Boote gingen in das Ausland. Damit verblieben tatsächlich 84 Boote, welche sich im aktiven Minensuchdienst befunden haben.

Mit Ende des Ersten Weltkrieges gingen die meisten Boote an die Reichs- und Kriegsmarine und fanden weitere Verwendung im Minenkampf während des Zweiten Weltkrieges. Einige Minensuchboote 1916 wurden zu Räumbootbegleitschiffen umgebaut. Ihre Länge wurde um zwei Meter baulich verändert. Mit Beginn des Zweiten Weltkrieges 1939 befanden sich noch 36 Boote vom Typ 1916 im Bestand der Kriegsmarine.

Nach Kriegsende wurden zwölf Boote (*M 66, M 72, M 81, M 82, M 98, M 102, M 109, M 110, M 117, M 126, M 134(?), M 145*) noch beim Deutschen Minenräumdienst gefahren.

Minensuchboot M 79 *der Bauserie Minensuchboot 1916. (Foto: Sammlung Karr)*

Minensuchboot läuft aus. (Foto: Sammlung Karr)

Minensuchboot 1916 der Kaiserlichen Marine. (Fotos: Sammlung Karr)

Minentreffer auf einem Minensuchboot. (Foto: Sammlung Karr)

Das Minensuchboot M 66 *der Kriegsmarine war ein aus der Kaiserlichen Marine übernommenes Boot der Bauserie Minensuchboot 1916. (Foto: Sammlung Karr)*

Von der Kaiserlichen Marine in die Reichsmarine übernommene Minensuchboote der Bauserie Minensuchboot 1916.
(Fotos: Sammlung Karr)

Minensuchboot Typ 1916.

Der Lebensweg eines Minensuchbootes Typ 1916:

- M 68 – das Boot wird am 06. Oktober 1917 in Dienst gestellt;
- 29. Oktober 1917 – Beschädigung durch Minentreffer in der Rigaer Bucht und auf Grund gesetzt;
- 1918 – gehoben und zur Reparatur nach Riga geschleppt;
- 01. Januar 1919 – Während der Reparatur, von der Lettischen Sozialistischen Sowjetrepublik (1918 bis 1920) beschlagnahmt;
- 10. März 1919 – als Kurierboot SARKANA LATVIA (ROTES LETTLAND) klassifiziert;
- Im Mai 1919 – von der Baltischen Landwehr (Antibolschewistische Koalition) zurückerobert;
- 01. Juli 1919 – von der Republik Lettland umbenannt in VIRSAITIS und als Kanonenboot eingesetzt;
- 10. November 1921 – VIRSAITIS wird repariert und zum Flaggschiff der Lettischen Marine (Latvijas Karaflote) erhoben;
- 19. August 1940 – Beitritt Lettlands zur UdSSR. Das Boot wird am 17.Oktober 1940 an die Baltische Flotte der UdSSR übergeben und erhält die Bordnummer T-297;
- 03. Dezember 1941 – Die VIRSAITIS sinkt durch Minentreffer bei der Evakuierung von Truppenteilen der Roten Armee von der finnischen Halbinsel Hanko;
- Im Oktober 2011 wird das Wrack vor Hangö entdeckt. Eine Bergung ist nicht geplant.

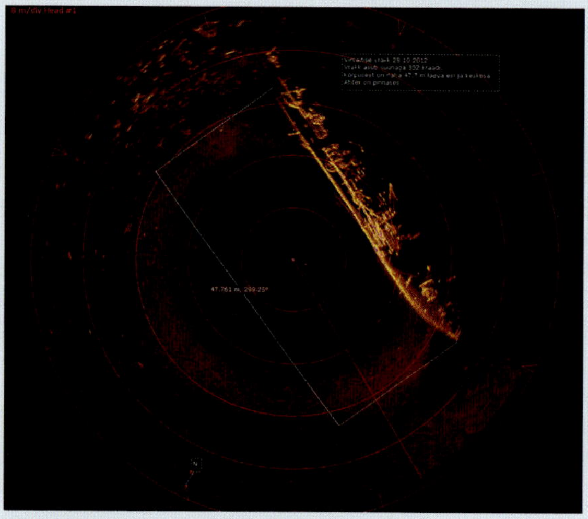

Sonaraufnahme der VIRSAITIS vom 28. Oktober 2012. (Foto: Cc creative commons)

1. Minensuchhalbflottille, 1931 in See. Bestand: sechs Boote.

- M 129 – *I.D.: 20.05.1919; August 1938 Versuchsboot* OTTO BRAUN*; Juni 1941* M 529*; 02.12.1941 durch Minentreffer gesunken.*
- M 132 – *I.D.: 14.11.1919; 13.11.1939 durch Wasserbombe eines vorauslaufenden M-Bootes gesunken.*
- M 146 – *I.D.: 11.08.1919; Führerboot; Juli 1934 Flottentender* TAKU*; Oktober 1935 M 146; Mai 1940* M 546*; August 1941 Umbau R-Boot-Begleitschiff* VON DER LIPPE*; 15.06.1944 versenkt durch Fliegerbombe.*
- M 109 – *I.D.: 29.08.1918; August 1938 Versuchsboot* JOHANN WITTENBORG *beim Sperrversuchs-Kommando; Dezember 1938 SUNDEVALL; Oktober 1940* M 509*; 1945 an USA und Einsatz bei GMSA; Oktober 1946 zu OMGUS; September 1949 US Army; August 1950 abgebrochen.*
- M 126 – *I.D.: 01.07.1919; Oktober 1940 M 526; April 1943 Umbau R-Boot-Begleitschiff* ALDERS*; 1945 an USA und Einsatz bei GMSA; Oktober 1946 zu OMGUS; a.D.: ?*
- M 111 – *I.D.: 11.10.1918; Oktober 1940* M 511*; 1941 Torpedofangboot; 03.11.1941 Minentreffer - gesunken.*

1932 wird die 1. Halbflottille mit den Minensuchern M 66 *und* M 98 *aufgestockt. (Foto: Postkarte)*

1. Minensuchhalbflottille, 1935 in See. Im vollen Bestand von acht Booten.
Mitte:
- M 66 – *I.D.: 01.07.1917; November 1937 Versuchsboot* STÖRTEBECKER*; Oktober 1940* M 566*; Versuchsboot Nachrichtenmittel-Versuchskommando; 1945 an USA und Einsatz bei GMSA; Dezember 1947 zur OMGUS; 18.06.1948 verpachtet an die Ostdeutsche Dampfschiffs- und Transportgesellschaft (Hamburg); 12.09.1949 zurück an OMGUS und an US Army. A.D.: ?. In den 1950er Jahren verschrottet.*

(Foto: Postkarte)

Minensuchboote 1914/1916						
Schiffstyp	**Minensuchboot 1914**		**Minensuchboot 1915**		**Minensuchboot 1916***	
Bord-Nummer	M1–M6	M7–M26	M27–M42	M43–M56	M57–M96	M97–M121
Indienststellung	1915	1915–1916	1916	1916	1917–1918	1918
Außerdienststellung	1918–1921	1918–1921	1916–1920	1917–1944	1918–1944	1919–1945
Deplacement	425 t	450 t	480 t	476 t	506–515 t	525–535 t
Deplacement Max	456 t	476 t	507 t	503 t	535–553 t	548–630 t
Länge über alles**	55,10 m	56,40 m	58,41 m	58,30 m	59,28 m	59,60 m
Breite über alles**	7,30 m	7,30 m	7,30 m	7,33 m	7,30 m	7,30 m
Tiefgang**	2,00 m	2,00 m	2,25 m	2,25 m	2,20 m	2,28 m
Maschinenanlage	2 Exp 3 Zyl	2 Exp 3 Zyl	2 Exp 3 Zyl	2 Exp 3 Zyl	2 Exp 3 Zyl	2 Exp 3 Zyl
Gesamtleistung***	1029,7 kW	1176,8 kW	1323,9 kW	1323,9 kW	13,60,7 kW	13,60,7 kW
Höchstgeschwindigkeit	16,7 kn	16,7 kn	16,5 kn	16,0 kn	16,0 kn	16,0 kn
Fahrbereich***	1680 sm	1680 sm	2000 sm	2000 sm	2000 sm	2000 sm
Bewaffnung****	1(2)x8,8 cm	1(2)x8,8 cm	2x10,5 cm	3x8,8 cm	2x10,5 cm	3x8,8 cm
Minen	30	30	30	30	30	30
Besatzung	40	40	40	40	40	40

* Außer: *M80-82, 113, 117* (RM und KM); *M106, 112, 114, 118* (aus Liste der Kriegsschiffe gestrichen / Verkauf). Einschließlich: *M129, 130, 132, 133- 136, 138, 145, 146, 157.*

** Die Maßangaben schwanken zwischen den Einzelbooten. (Mittelwerte).

*** Bei 14 Knoten.

**** Die Bewaffnung der Boote wechselte.

Minensuchboot 1935

Die von der Kaiserlichen Marine in die Reichsmarine übernommenen 88 Minensucher wurden zum Räumen der Minensperren in der südlichen Nordsee, der Ostsee und im nördlichen Eismeer eingesetzt. Nach Beendigung dieser Aktion war der materielle Zustand besorgniserregend. Offensichtlich hatten diese Fahrzeuge ausgedient. Trotzdem überlebten einige auch noch den Zweiten Weltkrieg.
So entstand der Amtsentwurf 1935. Grundlage bildete die bewährte Konstruktion der 1916er Boote. Den gewachsenen waffen- und leistungsmäßigen Anforderungen entsprechend, wurde das Deplacement erhöht, um den Einbau von Artillerie (einschließlich der Stauung der erforderlichen Munition), UAW-Waffen sowie der erforderlichen Minensuch- und Räumausrüstung Rechnung zu tragen.
Die neuen Boote waren 15 Prozent größer als die »M-Böcke 1916«. Ihre Standard-Bewaffnung bestand aus zwei 10,5-cm, zwei 3,7-cm und zwei 2-cm-Geschützen gegen See- und Luftziele. Weiterhin konnten bis zu 30 Seeminen mitgeführt und ausgelegt werden. Eingesetzt wurden sie in den nordeuropäischen Gewässern.
Zum Antrieb wurden zwei Hochdruckkessel von 34 bar mit Ölfeuerung und zwei Kolbendampfmaschinen mit zusammen 2570 kW eingebaut. Eine E-Anlage von 180 kW versorgte das Boot mit der erforderlichen Energie. Die ersten beiden Boote erhielten zwei 6-flügelige Voith-Schneider-Propeller[5)] von 2,5 m Durchmesser.
Ab dem Boot *M 25* wurde die Einrichtung zum Aus- und Einsetzen des Beibootes verändert. Statt des bis dahin eingebauten Schwerkraft-Davitpaares wurde eine Bootsschwinge verwendet. Wegen ihres charakteristischen Aussehens erhielt sie bald den Spitznamen »Fußballtor«. An dieser Schwinge lassen sich alle Boote ab *M 25* identifizieren.
Die gut bewaffneten Boote wurden nicht nur zu Mi-

nensuchaufgaben eingesetzt, sondern erfüllten auch verstärkt Geleitaufgaben. Die englische Seite bezeichnete später diese Boote oft als »escort-destroyers« (»Begleit-Zerstörer«).

Es waren hervorragende Seeschiffe mit einer starken Bewaffnung und einer hervorragenden Manövrierfähigkeit. Aber der Bau dieser Boote war sehr aufwendig. So zwang der Längs- und Querspantstahlbau, die Ölknappheit sowie der steigende Bedarf an Minensuchbooten bald zu einem Neuentwurf.

Es gibt Literatur, in der von Gefechten zwischen deutschen Minensuchern und englischen Zerstörern geschrieben wird. Diese sollen etwa zwischen dem 13. und 15. März 1942 im Kanal vor der britischen Südwestküste stattgefunden haben. Als Beteiligte werden u.a. genannt: *M 1, M 9* und *M 12* sowie die englischen Zerstörer WALPOLE und FERNIE. Karl Meyer, gestandener Maschinenmaat auf *M 154* und *M 201*, schrieb in seinem Buch »Hochsee-Minensuchboote 1939–1945«[6)] über diese Gefechte:

»So hatten Minensuchboote des Typs 35 am 14. März 1942 beim Geleitfahren für SPERRBRECHER 2[7)] Gefechtsberührung mit 4–5 britischen Zerstörern ... Sofort eröffneten alle Minensuchboote – auch das als letztes Boot in Feuerluvstaffel laufende *M 12*[8)] – das Feuer. In dem massierten Abwehrfeuer wurde von allen Booten auf einem Zerstörer ein schwerer Treffer beobachtet. Man beobachtete helle, hohe Stichflammen und starke Rauchentwicklung und anschließend einen roten Brand. Im Drei-Meter-Entfernungsmessgerät eines Minensuchbootes will man das Auseinanderbrechen eines Zerstörers beobachtet haben. Im unverändert heftigen Abwehrfeuer drehten die Zerstörer unter Nebelanwendung ab und kamen außer Sicht.«[9)]

(Foto: Wikipedia gemeinfrei)

Es gibt eine weitere Information über diesen Schlagabtausch im Kanal. Danach wurde der Hilfskreuzer MICHEL (Schiff 28) getarnt als SPERRBRECHER 26 am Abend des 13. März 1942 durch den Kanal geleitet und von neun Minenräumbooten sowie fünf Torpedobooten gesichert. Nach wenigen Stunden (also in der Nacht vom 13. auf den 14. März) wurde der Verband mehrfach angegriffen. Der erste Angriff

erfolgte durch mehrere englische Motortorpedoboote, die durch das gebündelte Feuer der Begleitboote ausgeschaltet werden konnten. Kurz danach erfolgte ein weiterer Angriff von neun Motorbooten und fünf Zerstörern. In dieses Gefecht griffen auch die deutschen Küstenbatterien und die Hauptgeschütze[10)] der MICHEL ein. Damit war ihre Tarnung aufgeflogen. Kaum beschädigt, lief die MICHEL und der Begleitkonvoi am 14. März in Le Havre ein. Der Hilfskreuzer führte dann im Zentralatlantik und im Indischen Ozean Handelskrieg, vernichtete 17 Schiffe mit insgesamt 127.018 BRT und sank am 17. Oktober 1943 durch Torpedotreffer.[11)] 263 gefallene Seeleute.[12)]
Im Kriegstagebuch der Seekriegsleitung ist zum o.g. Ereignis folgende Eintragung zu lesen:

»14.3.42: Kanalküste: Schiff 28 wurde unter Sicherung der 5. Tfl. und Minengeleit durch 2. Rfl. und Einheiten der 2. Msfl. auf dem Marsch von Vlissingen nach Le Havre von 0330–0710 Uhr von fdl. leichten Seestreitkräften angegriffen. Zunächst kam es zur Gefechtsberührung mit feindlichen S-Booten, von denen 1 in Brand geschossen und 2 weitere mit Sicherheit beschädigt wurden. Gegen 06.45 Uhr griffen 4 fdl. Zerstörer der KH-Klasse ein, die aus dunklem Horizont von Westen angriffen, durch Leuchtgranaten erfasst und mit allen Waffen seitens der 5. Tfl. sowie der MS-Boote bekämpft wurden. Gleichzeitig griffen S-Boote von achtern den Verband im Zangenangriff an. 1 Zerstörer wurde beschädigt, wahrscheinlich versenkt. 1 S-Boot vernichtet ... Während der ganzen Aktion entstanden keine eigenen Verluste oder Beschädigungen ... Die erfolgreiche Abwehr dieses fdl. Angriffs verdient besondere Anerkennung.«[13)]

Zerstörer der KH-Klasse. Hier: HMS H24 HASTY. (Foto: Royal Navy official photographer[14)]

Von 1937 bis 1942 wurden auf neun verschiedenen Werften 69 Minensuchboote »1935« gebaut, wovon während des Krieges 33 verloren gingen. Nach 1945 gingen 12 Boote an die USA, zehn an Großbritannien und 14 an die Sowjetunion. 1947 übergab die USA an Frankreich neun und Großbritannien vier Boote. Frankreich verkaufte 1956/57 fünf dieser M-Boote an Deutschland.

Minensuchboot der Bauserie M 35 der Kriegsmarine. (Foto: Bundesarchiv, Bild 101II-MW-5896-33 / Moes, Eberhard / CC-BY-SA 3.0)

Minensuchboot der Bauserie M 35 der Kriegsmarine. Charakteristisch war die im Marinejargon als »Fußballtor« bezeichnete große Bootsschwinge an Steuerbord. (Foto: Bundesarchiv, Bild 101II-MW-5896-34 / Moes, Eberhard / CC-BY-SA 3.0)

Minensuchboot M 6 *der Bauserie Minensuchboot M 35 der Kriegsmarine. (Foto: Sammlung Karr)*

Bombentreffer auf einem Minensuchboot der Bauserie M 35. (Foto: Sammlung Karr)

Gefechtsschäden auf einem Minensuchboot der Bauserie M 35. (Foto: Sammlung Karr)

M 1 – *I.D.: 01.09.1938; die Bordnummer -1- wurde retuschiert. Die Aufnahme entstand bei Verbandsübungen in der Ostsee 1939. Am 12.01.1945 wurde das Boot im Nordbyfjord bei Bergen von einer britischen Fliegerbombe versenkt. 20 Mann der Besatzung verloren ihr Leben. (Foto: Wikipedia gemeinfrei)*

M 7 – *I.D.: 31.10.1938. An der Backbordseite liegt ein Minensuchboot 1916. Die Aufnahme muss noch vor Ausbruch des Krieges gemacht worden sein. M 7 hat im Januar 1940 das britische U-Boot STARFISH zum Auftauchen gezwungen, welches sich dann selbst versenkte. 1945 ging das Boot als Beute an die UdSSR. Unter der Bordnummer T-916 diente es bis 1958 in der Schwarzmeer-Flotte der Sowjetunion. (Foto: narod.ru)*

M 6 *an der Spitze einer Minensuchflottille in See. I.D.: 06.06.1939. Die Aufnahme muss unmittelbar vor Kriegsausbruch gemacht worden sein. Am Bug stehen vier HJ-Angehörige, die offensichtlich nicht zur Besatzung gehören*[15]*. Das Schiff war Teil des Aufmarsches in der Danziger Bucht zum Krieg gegen Polen.* M 6 *ging am 23.10.1941 durch einen Minentreffer vor Lorient verloren. (Foto: Postkarte)*

M 8 – *I.D.: 11.01.1939. Der Minensucher wurde am 14.05.1943 von vier britischen Torpedoschnellbooten MTB angegriffen und durch zwei Torpedotreffer versenkt. 53 Besatzungsangehörige fanden den Tod. (Foto: narod.ru)*

Ein britisches TS-Boot vom Typ MTB. (Foto: Royal Navy official photographer[14])

Minensuchboote 1935 in Dwarslinie. Deutlich zu erkennen die Bootsgalgen, welche ab M 13 Standard wurden. (Foto: Kbismarck.com)

M 204 – *I.D.: 24.08.1941. Ging am 15.11.1945 als Beuteanteil an die UdSSR. Eingliederung in die Schwarzmeerflotte. Abgebrochen im Juli 1956. Das Foto zeigt das Minensuchboot auf der Reede vor Sewastopol. Alle 14 an die Sowjetunion gegangenen Boote wurden in die Schwarzmeer-Flotte eingegliedert. (Foto: Narod.ru)*

Wespe – Klasse 319

Wie bereits geschildert, wurden 1956/57 fünf Minensucher des Typs 1935 zum Stückpreis von einer Millionen DM durch die Bundesrepublik Deutschland von Frankreich für die entstehende westdeutsche Marine zurückgekauft.

In der Bundesmarine wurden diese ehemaligen Minensucher 35 als Geleitboote klassifiziert und bildeten ab 1957 das 1. Geleitgeschwader und ab April 1960 das Schulgeschwader.

Die zurückgeholten Minensucher wurden zu Geleitbooten bzw. Schulbooten der Wespe-Klasse umgebaut und erhielten die Namen: BIENE, BREMSE, BRUMMER, HUMMEL und WESPE (»Insektengeschwader«). Sie behielten vorläufig ihre 2x10,5-cm-Geschütze. Hinzu kamen 2x4,0-cm-Bofors-Flak in Einzellafetten und bis zu 4x2-cm-Oerlikon-FlaMG-Einzellafetten. Da sie auch zur U-Jagd eingesetzt werden sollten, erhielten sie auf dem Vorschiff einen Hedgehog-Salvenwerfer aus den USA. 1963 gingen sie außer Dienst.

Die WESPE wurde noch zum Zielschiff umgebaut. Im November 1966 wurde das vor Anker liegende Schiff westlich von Sylt während eines Orkans losgerissen und auf den Weststrand der dänischen Insel Fanø geworfen. Erst 1967 konnte es geborgen werden. Am 22.10.1973 wurde die WESPE vom Zerstörer *Z 4* so schwer getroffen, dass sie nordwestlich von Helgoland sank.

F 210 *HUMMEL, ex* M 81 *(i.D.: 17.07.1941), ex* M 607 *LAFAUX, ex* Q 75. *1963 außer Dienst. (Foto: Narod.ru)*

F 211 *WESPE, ex* M 24 *(i.D.: 22.02.1941, ex* M 605 *AILETTE,* Q 76. *1963 außer Dienst. (Foto: Narod.ru)*

Zwei außer Dienst gestellte Schulboote der WESPE-Klasse im April 1974 als Auflieger im Arsenalhafen von Wilhelmshaven. (Foto: Hans Karr)

Das Schulboot HUMMEL der Bundesmarine bei einer Passage des Nord-Ostsee-Kanals. (Foto: Sammlung Karr)

Das Schulboot BIENE der Bundesmarine. (Foto: Sammlung Karr)

Unten: Das Schulboot BREMSE der Bundesmarine, ex M 253 *(i.D.: 21.04.1941), ex* M 608 *VIMY, ex* Q 77. *1963 außer Dienst. (Foto: Sammlung Karr)*

Minensuchboot 1938/39

Es betraf die Boote *M 25–M 36*. Geplant war eine weitere Verbesserung der Einsatzfähigkeit der Boote. So war u.a. wieder der Einbau von zwei Voith-Schneider-Antrieben vorgesehen. Wegen Lieferschwierigkeiten bei der Produktion des Antriebs und durch die komplizierte Konstruktion des Boot-Typs 1938 wurde dieser Auftrag zurückgezogen. Er wurde in den Typ M-Boot 1935/1939 mob zurückverwandelt. Und gleicht damit im Wesentlichen dem Minensuchboot 1940.

Ein ehemaliges Minensuchboot Typ M 40 *im Jahr 1948 an der französischen Kanalküste. (Foto: Jean Bazard / CC-BY-SA 3.0)*

Minensuchboot 1940

Um den Problemen in der Produktion zu entgehen und um den Ausstoß zu erhöhen – der Bedarf war mit Kriegsausbruch enorm gestiegen – wurde das Minensuchboot 1940 entwickelt. Der Bau wurde vereinfacht, die Bauzeit damit verkürzt. Grundlage bildete die bewährte Konstruktion der kaiserlichen Minensuchboote vom Typ M 1916. Hervorzuheben ist die Umstellung der Antriebsanlage, welche von der Ölbefeuerung auf Kohle umgestellt wurde. Damit waren diese Boote weniger störanfällig und konnten auf Grund der Ölknappheit auch noch zum Ende des Krieges eingesetzt werden. Ihre Aufgabenstellungen entsprachen denen der 1935-Boote.
Einige Boote wurden zwecks Einsatz im Ärmelkanal stärker bewaffnet. Es ist nicht nachvollziehbar, welche und wie viele Boote umgerüstet worden sind. Diese als »Kampfboote« oder »Kanal-Zerstörer« benannten Boote erhielten bei der Umrüstung zwei 10,5-cm-Geschütze mit Schutzschilden, drei bis vier 3,7- oder 4-cm und bis zu acht 2-cm-Flak-Waffen. Die Minenräumgeräte wurden reduziert.
Zwölf Boote (*M 278, M 279, M 371 bis 377, M 387* bis *M 389*) erhielten auf dem Vorschiff zwei Torpedorohre und unmittelbar vor der Brücke einen U-Boot-Turm. Sie dienten zur Ausbildung von U-Boot-Kommandanten und Wachoffizieren und erhielten die Bezeichnung *TS 1–12* (TS für Torpedo-Schieß[stand]-Boot).
Im Zeitraum von Anfang 1942 bis Dezember 1944 wurden 129 Minensuchboote M 1940 an die Marine ausgeliefert und in Dienst gestellt. 60 Boote davon wurden in den Niederlanden gebaut, sie erhielten 400er-Nummern. Insgesamt wurden Bordnummern zwischen *M 261* bis *M 496* (nicht durchgängig nummeriert) vergeben. Durch Kriegseinwirkungen gingen etwa 64 Boote verloren. Rund 68 M-Boote sammelten sich im Mai 1945 in deutschen Häfen und ehemaligen Stützpunkten der Kriegsmarine. Sie gingen wie folgt an die Siegermächte: USA – 14, Großbritannien – 24, UdSSR – 30 Boote. Die im Juli 1945 aufgestellte GM/SA[16)] (German Mine Sweeping Administration), die deutsche Minenräumleitung des DMRD (Deutscher Minenräumdienst) übernahm 56 dieser Boote. Wobei von 21 Minensuchbooten deren sofortige Auslieferung bereits im November 1945 von der UdSSR gefordert wurde.

M 294 – *I.D.: 28.08.1944, USA Beute, 1956 – Bundesmarine als SEEPFERD. (Foto: Narod.ru)*

Minensuchboot 1943

Mit dem Minensuchboot 1943 wurde die Blockbauweise eingeführt. Damit konnten Bauzeit und Kosten eingespart werden. Diese Neuerung sah vor, in verschiedenen geeigneten Betrieben einzelne Sektionen bzw. Baugruppen getrennt zu bauen und sie dann per Bahntransport oder über das Wasserstraßennetz in die Werften (Rostock und Königsberg) zu bringen, um sie dort zu montieren. Vorgesehen waren sieben einzelne Sektionen. Diese Taktbauweise verlangte von den Zulieferbetrieben und den beiden Werften eine hohe Disziplin und Organisation. Vorgesehen waren neben der Minensuchvariante auch Varianten als U-Boot-Jäger, Torpedoträger und als Torpedofangboot. Die Artillerie-Bewaffnung wurde verstärkt sowie die Ausrüstung mit der Flugabwehrrakete Henschel Hs 297 »Föhn«[17] war vorgesehen. Wie bei dem Typ 1940 wurde auch hier die Kohlebefeuerung beibehalten.

Nachdem Königsberg durch den Vormarsch der Sowjetarmee ausgefallen war, ging der Zulauf zur Flotte dramatisch zurück.

Geplant waren 500 (!) Boote. In Auftrag gegeben wurden 152 und mit dem Bau begonnen wurden 49 Boote. Davon konnten 17 an die Kriegsmarine geliefert werden (12 von Rostock und 5 von Königsberg). Den Krieg überlebten 14 Boote und drei, die zu 99% fertiggestellt waren. Diese 17 M-Boote gingen als Kriegsbeute an die USA (6), GB (8), UdSSR (2) – ein Boot in den zivilen deutschen Bereich. Weitere Boote liefen noch nach Beendigung des Krieges für den Minenräumdienst und privaten Nutzern vom Stapel.

M 608 – *I.D. 20.03.1945. Im Mai 1945 als Kriegsbeute an USA. Im Juli 1945 an GMSA und im Februar 1948 an die Reederei Hapag-Seebäderdienst. Weitere zivile Nutzung bis 1982. (Foto: Narod.ru)*

M 801 – *I.D.: 03.12.1944. 1945 an die USA, OMGUS, im Juli 1949 an Italien GAZZELLA. 1960 Schulschiff. 1967 abgebrochen. (Foto: Narod.ru)*

M 803 – *I.D.: 17.01.1945. Als Beute 1945 an die USA. Einsatz bei der GMSA und OMGUS. Ebenfalls im Juli 1949 an Italien DAINO, 1960 – Vermessungsschiff. 1966 verschrottet. (Foto: Narod.ru))*

Das Minensuchboot M 803 *der Bauserie M 43 wurde 1945 US-Beute, kam in der German Minesweeping Administration zum Einsatz und gelangte 1949 nach Italien, wo es zunächst als Korvette DIANO und ab 1960 als Vermessungsschiff Verwendung fand. Mitte der 1960er Jahre wurde das Schiff außer Dienst gestellt. (Foto: Augusto Nani)*

Minensuchboote 1935/1943					
Schiffstyp	**Minensuchboot 1935***			**Minensuchboot 1940***	**Minensuchboot 1943***
Bord Nummer	M1 M24	M25 36**	M37 M260	M261 M501	M601 1050
Indienststellung	1937–1940	1940	1940–1941	1942–1944	1944–1945
Außerdienststellung	1942–1973	1942–1952	1941–1976	1943–1975	1945–1982
Deplacement***	874 t	908 t	878 t	775 t	821 t
Länge über alles***	68,10 m	71,00 m	68,40 m	62,30 m	67,75 m
Breite über alles***	8,30 m	9,20 m	8,30 m	8,90 m	9,00 m
Tiefgang**	2,65 m	2,65 m	2,65 m	2,82 m	2,68 m
Maschinenanlage	2 Exp. Masch. 2 Kessel	2 Exp. Masch. 2 Kessel	2 Exp. Masch. 2 Kessel	2 Exp. 3 Zyl. 2 Kessel	2 Exp. 3 Zyl. 2 Kessel
Treibstoff	Öl	Öl	Öl	Kohle	Kohle
Gesamtleistung***	2353,6 kW	2353,6 kW	2353,6 kW	1544,55 kW	1544,55 kW
Höchstgeschwindigkeit	18,2 kn	18,2 kn	18,2 kn	16,8 km	17,0 kn
Fahrbereich****	5000 sm	5000 sm	5000 sm	4000 sm	4000 sm
Bewaffnung	2x10,5 cm SK, 2x3,7 cm Flak, 2-6x2 cm Flak	2x10,5 cm SK, 3x2 cm Flak	2x10,5 cm SK, 2x3,7 cm Flak, 2-6x2 cm Flak	1-2x10,5 cm SK, 1-4x3,7 cm Flak, 2-8x2 cm Flak, 6 Ablaufgerüste Wabo	2x10,5 cm SK, 2x3,7 cm Flak, 8x2 cm Flak, Teilw. 2xTR 53,3 cm Wabo-Werfer
Minen	30	30	30		24
Besatzung	84	97	84–120	68–75	107

* Bauauftrag nicht vergeben: *M40–80; 86–100; 105–130;134–150; 157–200; 207–250; M257–260.*

* *M268–270; 281–290; 298–300; 308–320; 331–340; 349–360; 390–400; 409; 410; 417–420; 429; 430; 439; 440; 447–450; 457; 458; 464–466; 472–474; 477–482; 485; 487; 488; 490–494; 497–501.*

* Auftrag nicht vergeben, Bau nicht vollendet: *M617–800; 809–1050.*

** Minensuchboot 1938/39

*** Die Maßangaben schwanken zwischen den Einzelbooten. (Mittelwerte).

**** Bei 10 Knoten.

Seelöwe-Klasse 319

Sechs ehemalige Minensucher der Kriegsmarine (fünf vom Typ 40 und eins vom Typ 43) waren von 1956 bis 1960 bei der Bundesmarine im Einsatz. Sie wurden 1945 der USA als Kriegsbeute zugesprochen, fuhren dann mit deutscher Besatzung bei der GMSA und nach deren Auflösung bei der MTU (Military Transport Unit). 1951 bzw. 1952 gehörten sie zur LSU (B) in Bremerhaven.

Am 01.06.1956 bildeten sie das Hochseeminensuchgeschwader der Bundesmarine in Wilhelmshaven (November 1956: 2. Minensuchgeschwader).

Es gab Überlegungen und wohl auch Versuche, die Boote vor der Übernahme von Kohle auf Diesel umzustellen. Davon wurde aber wieder Abstand genommen. Der hohe Verschleiß der Boote im Krieg und beim Räumeinsatz in der Nordsee ließen dies nicht zu. Der Aufwand eines Umbaus wäre zu hoch gewesen.

Bei der Übernahme waren die Fahrzeuge unbewaffnet. Es erfolgte die Aufrüstung mit einem 7,6-cm-Einzelgeschütz, vier 4-cm-Flak in Doppellafette und vier 2-cm-Flak in Einzellafetten.

Bei der Seelöwe-Klasse handelte es sich um folgende Boote:

Das Minensuchboot SEEIGEL der Bundesmarine war ein Minensuchboot des Typs M 35 *der Kriegsmarine. Hier zu sehen mit der ersten Kennung SE. (Foto: Sammlung Karr)*

Das Minensuchboot SEEIGEL der Bundesmarine mit seiner zweiten Kennung M 188. *(Foto: Sammlung Karr)*

Minensuchboot SEEPFERD der Bundesmarine war ein Minensuchboot des Typs M 35 *der Kriegsmarine. (Foto: Sammlung Karr)*

Das Minensuchboot SEESCHLANGE der Bundesmarine war ein Minensuchboot des Typs M 43 *der Kriegsmarine. (Foto: Sammlung Karr)*

Minensuchboote: Wespe-Klasse und Seelöwe-Klasse			
Schiffstyp	**Wespe-Klasse**	**Seelöwe-Klasse**	
	Ex M-Boot 1935	**Ex M-Boot 1940**	**Ex M-Boot 1943**
Bord-Nummer	F 207–F 211	M 187–M 190, M 192	M 191
Indienststellung	1941–1942/1957	1942–1944/1956	1945/1956
Außerdienststellung	1945/1963 (1973)	1960	1960
Deplacement	878 t	775 t	821 t
Länge über alles	68,40 m	62,30 m	68,27 m
Breite über alles	8,70 m	8,50 m	9,00 m
Tiefgang	2,65 m	2,63 m	2,68 m
Maschinenanlage	2 Dampfkolben Maschinen*	2 Exp, 3 Zyl.**	2 Exp, 3 Zyl.**
Treibstoff	Öl	Kohle	Kohle
Gesamtleistung	2580 kW	1990 kW	1990 kW
Höchstgeschwindigkeit	18,3 kn	17,2 kn	16,7 kn
Fahrbereich	1440 sm bei 9 kn	4000 sm bei 10,0 kn	3600 sm bei 11,0 kn
Bewaffnung***	2x4,0 cm Flak, 2-4 2,0 cm Flak, 1 UAW-Werfer	1x7,62 cm SG, 4x4,0 cm DL Flak, 4x2,0 cm Flak	1x7,62 cm SG, 4x4,0 cm DL Flak, 4x2,0 cm Flak
Minen	Möglich	Möglich	Möglich
Besatzung	Max. 100	70	80

* Zwei ventilgesteuerte Lenz-Doppelverbund-Dampfkolbenmaschinen, zwei Wagner-Hochdruck-Heißdampf-Wasserrohrkessel.

** Zwei schiebergesteuerte Dreizylinder-Dampfkolbenexpansionsmaschinen mit angehängter Abdampfturbine. Zwei kohlebefeuerte Marine-Schulz-Wasserrohrkessel.

*** Endgültige Bewaffnung nach mehreren Umrüstungen.

Habicht-Klasse

Während in der BRD zum Aufbau der Bundesmarine bei den größeren Minensuchbooten auf Altbestände zurückgegriffen werden konnte (1956), sah sich die DDR gezwungen, bereits 1952 mit der Eigenentwicklung und dem Bau gleichwertiger Boote zu beginnen.
Im April 1952 begann der Bau der ersten beiden Minensuchboote (MLR-Schiffe) auf der Volkswerft Stralsund. Das Projekt lehnte sich im Aussehen und der Technologie stark an die deutschen Minensuchboote vom Typ 1940/43 an, erhielt jedoch statt des kohlebefeuerten Dampfantriebes zwei 1400-PS-Dieselmotoren und war eindeutig eine eigenständige Entwicklung (siehe Tabellenvergleich S. 41).
Auch die folgenden zwei Schiffe wurden in Stralsund gebaut, danach ging die Produktion der weiteren Schiffe an die Peene-Werft in Wolgast.
Es gab drei Bauausführungen: Die erste umfasste zwei Schiffe, die Bau-Nr. 2001 und 2002. Die 2. BA bestand aus vier Schiffen, 2003 bis 2006. Der Unterschied bestand in der Aufstellung der Hauptantriebsmaschinen, erst nebeneinander in einer Abteilung, dann ab Bau-Nr. 2003 getrennt in je einer wasserdichten Abteilung.
Schließlich wurden sechs Schiffe der 3. BA auf Kiel gelegt und fertiggestellt. Während bei der 1. und 2. BA die Länge ü.a. 59,1 m betrug, wurde ab Bau-Nr. 2007 das Achterschiff um 6 m verlängert und damit für das Sperrpersonal bessere Arbeitsbedingungen geschaffen. Die Gesamtlänge betrug jetzt 65,1 m.
Die 1. und 2. BA waren ursprünglich mit dem 3,7-cm-Geschütz Modell 70 K, zwei 2,5-cm-Flak achtern und eine je Bordseite auf dem Brückendeck ausgerüstet. Zwischendurch wurden auch andere Waffen erprobt, so die Armierung mit einer 3,7-cm-Flak oder einem 5,7-cm-Zwillingsgeschütz.
Die ersten Schiffe der 3. BA fuhren anfänglich ohne Bewaffnung und wurden dann mit dem, aus der UdSSR importierten, 8,5-cm-Universalgeschütz 90 K und je vier 2,5-cm-Doppellafetten ausgerüstet. Auch die anderen Schiffe wurden entsprechend umgerüstet.
Die Räumausrüstung bestand aus nachgebauten Geräten der Kriegsmarine und wurde später durch eigene DDR-Entwicklungen ausgewechselt.
Insgesamt wurden bis 1955 zwölf Boote in Dienst gestellt. Die außer Dienststellungen erfolgten in den Jahren 1965 bis 1970.

Krake-Klasse

Korrekt: Minenleg- und -räumschiff des Projekts 15. Der Bau dieser Boote begann unmittelbar nach Abschluss der Habicht-Klasse. Unter wesentlicher Beibehaltung der Hauptabmessungen stellte dieser Typ eine erweiterte Modifikation der Vorläuferserie dar. Die leichte Artilleriebewaffnung wurde verstärkt, indem direkt vor der Brücke mittels einer neu geschaffenen Plattform zusätzlich eine fünfte 2,5-cm-Doppellafette aufgestellt werden konnte. Der gesamte Aufbautenkomplex wurde nach funktionellen Gesichtspunkten neu entworfen. Die bewährten Anlagen und Systeme sowie Ausrüstungen des Typs »Habicht« wurden übernommen.
Das erste Schiff mit der Bau-Nummer 3001 lief am 21.01.1956 vom Stapel und wurde am 16.08.1957 in Dienst gestellt. Die Serienfertigung aller zehn Einheiten verlief ohne größere Störungen, so dass alle vom August 1957 bis Oktober 1958 in Dienst gestellt werden konnten. Sie erhielten Namen von Bezirksstädten der DDR. Im Gegensatz zur Habicht-Klasse brauchten diese Schiffe nicht mehr zum aktiven Minenräumen eingesetzt werden, da inzwischen Räumeinsätze vor der DDR-Küste und in den Fahrwassern nicht mehr erforderlich waren. Es fand nur noch vereinzeltes Kontrollräumen statt, so z. B. im Juni 1960 vor Kühlungsborn/Heiligendamm. Ihr Haupteinsatz erfolgte im Vorpostendienst im Fehmarn-Belt. Ein nicht immer gefahrloser Dienst.

Fregattenkapitän a.D. Dr. Robert Rosentreter beschrieb in seinem Buch »Im Seegang der Zeit« einen Zwischenfall vom 02.11.1962 im Seegebiet vor Gedser Rev. Er ließ den Kommandanten der KARL-MARX-STADT zu Wort kommen:
»Es war schon dunkel, als der Ausguck mehrere Minensucher in Kiellinie, auf Südkurs laufend meldete. Nach Anforderung des Erkennungssignals wurde klar, dass es keine Boote von uns waren. Plötzlich drehte das Führerschiff des

Verbandes nach Backbord und hielt auf unser in Westrichtung laufendes Schiff mit hoher Fahrt zu, preschte in gefährlich dichtem Abstand an Steuerbord an uns vorbei. Ehe wir uns von dem Schrecken erholt hatten, scherte die taktische Nummer zwo ebenfalls aus der Linie und nach Backbord aus, ging aber erst mal auf Stopp, wie auf Warteposition. Plötzlich rammelte er los, quasi von Null auf Hundert. Der Funkenflug ließ darauf schließen. Da sich das Boot auf Kollisionskurs befand, leitete ich sofort ein Ausweichmanöver ein. Aber es war schon zu spät, um frei zu kommen. Während sich unser Schiff in der Bewegung hart nach Backbord auf die Seite legte, rammte der westdeutsche Minensucher uns in Höhe des Brückenvorbaus, leicht schräg von achtern auftreffend, mit seinem Bug, prallte dann mit seiner Backbordseite an unsere Bordwand und rutschte nach achtern weg. Bei dem gewaltigen Aufprall riss der Minensucher – es war die MINDEN (M 1085) ein Loch in unsere Bordwand. So groß, dass ein Auto durchgepasst hätte. Durch das Manöver des letzten Augenblicks war das Schiff in eine Schräglage geraten und so entstand das Leck oberhalb der Scheuerleiste und damit der Wasserlinie. Die KARL-MARX-STADT blieb aber schwimm- und manövrierfähig. Die Havarie ereignete sich genau um 21.36 Uhr.«
Die MINDEN verlor durch den Zusammenstoß ihren Vordersteven, der in der KARL-MARX-STADT stecken blieb, und drohte zu sinken. Die Anfrage der Volksmarinekommandanten, ob Hilfe nötig sei, wurde verneint ... Der anderthalb Meter lange Eichenholzsteven der MINDEN wurde von der 4. Flottille aufbewahrt.[19)]

Ab 1972/73 wurden sieben Schiffe nacheinander außer Dienst gestellt. Drei Schiffe wurden noch bis 1976 als Schulschiffe genutzt.

Kondor-II-Klasse

Die Minensuch- und -räumschiffe des Projekts 89.2 gehören ebenfalls zu der Klasse der Hochseeminensucher. Unabhängig von der etwas umständlichen Bezeichnung waren es hochseefähige und seefeste Fahrzeuge. Mit der Einführung einer neuen Klassifizierung 1984 war die korrekte Bezeichnung: Hochsee-Minenabwehrschiff (HMAW-Schiff).
Im November 1968 wurde eine Weiterentwicklung des Projekts 89.1 eingeleitet und 1969 als Projekt 89.2 (Kondor-II-Klasse) abgeschlossen.
Das Schiff wurde gegenüber seinem Vorgänger um 4,80 m verlängert. Die Bewaffnung bestand aus drei 2,5-cm-Doppellafetten. Die Brücke wurde vergrößert und die Aufenthaltsbedingungen an Bord verbessert. Auch kamen weiterentwickelte Minensuchgeräte zum Einsatz. Ende der 1980er Jahre erhielten einige Schiff noch den Vierfachstarter FASTA 4 für Nahbereichsabwehrraketen.
Das erste Serienschiff stellte am 28.05.1971 in Dienst. Es diente bis 03.10.1990 als Erprobungsschiff beim Wissenschaftlich-Technischen-Zentrum in Wolgast (WTZ-18). Von Juni 1971 bis November 1973 konnten insgesamt 30 Schiffe der Kondor-II-Klasse in den Flottendienst gestellt werden. Auch sie erhielten Namen von Städten aus der DDR.
Auf der Basis des Projekts 89.2 sind noch zwei Aufklärungsschiffe, zwei Torpedofangboote, ein Vermessungsschiff und eine Staatsyacht gebaut worden. Damit betrug die Gesamtzahl der Kondor-II-Klasse 58 Schiffe. Sie trugen in den 1970er und 1980er Jahren die Hauptlast des ständigen Vorpostendienstes in der westlichen Ostsee.[20)].
1990 wurden sechs Boote von der Bundesmarine übernommen:

- 332, BITTERFELD, i.D.: 26.06.1972. 1990: M 2672 – 1993 an Indonesien.
- 333, TANGERHÜTTE, i.D.: 30.06.1972. 1990: Vorgesehen: M 2669 – Indienststellung nicht vollzogen – 1996 abgebrochen.
- 343, BERNAU, i.D.: 01.12.1972. 1990: M 2673 – 1991 an Uruguay.
- 341, EILENBURG, i.D.: 22.12.1972. 1990: M 2674 – 1991 an Uruguay, nach Kollision am 05.08.2000 gesunken.
- 311, SÖMMERDA, i.D.: 07.04.1973. 1990: M 2670 – 1993 an Indonesien.
- 312, EISLEBEN, i.D.: 24.05.1973. 1990: M 2671 – 1991 an Uruguay.

Weitere 20 Einheiten wurden 1990 von der Bundesmarine übernommen, aber nicht in Dienst gestellt.

MIVG-Drohne/VM, Projekt 190

Ende der 1970er Jahre begann die DDR-Marine der »Minenjagd« größere Aufmerksamkeit zu schenken. Sie beinhaltete im Wesentlichen die Ortung von Unterwasserzielen, ihre Identifizierung und, falls erforderlich, ihre Vernichtung.
Ab 1981 lag eine Studie für das als »Minenidentifizierungs- und Vernichtungsgerät« (MIVG), Projekt 190 bezeichnete System vor. Nach mehreren Zwischenstufen der Entwicklung bestand es aus einem Leitstand mit einem Lagedarstellungsgerät, einem Unterwassergeräteträger und den erforderlichen Verbrauchsmitteln (Minenvernichtungsladung, Kabelspule, Akku-Sätze). Ein Versuchsmuster wurde ab August 1986 erprobt, ein zweites 1987. Der Nachweis der technischen Realisierbarkeit wurde noch bis September 1990 erbracht, dann aber wurde die Entwicklung abgebrochen. Vorgesehen war der Einsatz von Booten der Kondor-II-Klasse aus bzw. von dem in der Planung befindlichen Projekt 189 (MAW-Schiff) und/oder von dem geplanten Reede-MAW-Boot, Projekt 415.

Minensuchboote: Habicht-Klasse, Krake-Klasse und Kondor-Klasse						
Schiffstyp	**M-Boot zum Vergleich**		**Habicht-Klasse**		**Krake-Klasse**	**Kondor-II-Klasse**
	Typ 1940	**Typ 1943**	**1.+2. BA**	**3. BA**		
Indienststellung	1942–1944	1944–1945	1953–1954	1955	1957–1958	1971–1973
Außerdienststellung	1943–1975	1945–1982	1965–1970	1965–1970	1972–1976	1981–1990
Deplacement	775 t	821 t	510 t	670 t	642 t	479 t
Länge über alles	62,30 m	67,75 m	59,1 m	65,1 m	66,1 m	56,7 m
Breite über alles	8,90 m	9,00 m	8,2 m	8,2 m	8,4 m	7,7 m
Tiefgang	2,82 m	2,68 m	2,5 m	2,5 m	2,52 m	2,33 m
Maschinenanlage	2 Exp 3 Zyl 2 Kessel	2 Exp 3 Zyl 2 Kessel	2 DM	2 DM	2 DM	2 DM
Gesamtleistung	1544 kW	1544 kW	1765 kW	1765 kW	16,0 kn	18,0 kn
Höchstgeschwindigkeit	16,8 kn	17,0 kn	18,0 kn	17,0 kn	16,0 kn	18,0 kn
Fahrbereich	4000 sm	4000 sm	3700 sm	3700 sm	2460 sm	2000 sm
Bewaffnung	1-2x10,5 cm, 1-4x3,7 cm, 2-8x2 cm, 6 Ablaufgerüste, Wabo	2x10,5 cm, 2x3,7 cm, 8x2 cm, teilw. 2xTR 53,3 cm, Wabo	1x3,7 cm, 4x2,5 cm, mod. wie 3. BA	1x8,5 cm, 8x2,5 cm, Wabo	1x8,5 cm, 10x2,5 cm, Wabo	6x2,5 cm, 1x Vierlingsstarter: Fliegerfaust
Minen	-	24	möglich	möglich	möglich	möglich
Besatzung	68–75	107	38	38	38	30

Küsten-Minensuch- und -räumboote

Wie der Begriff schon zum Ausdruck bringt, sind diese Boot nur im flachen Küstenbereich einsetzbar. Sie sind bedeutend kleiner als Hochseeminensucher und sind dementsprechend kaum hochseetauglich. Sie haben eine Wasserverdrängung von etwa 200 bis 500 t. Ihre Haupteinsatzgebiete sind Häfen und deren Zufahrten bzw. küstennahe Flachgewässer. Da in diesen Gewässern vom »Gegner« kaum Ankertauminen eingebracht werden, sondern vorrangig Grundminen, ist die Räumung nur mit angepassten Booten möglich.

Flachgehende Minenräumboote 1915 (F)

Mit dem Amtsentwurf 1915 wurden 75 Flachgehende Minenräumboote in Auftrag gegeben. Diese kleinen flachen Boote dienten in erster Linie dem Hafen und Reedeschutz sowie für Kurier- und Verbindungsaufgaben.
Ausgegangen war die Entwicklung solcher flachen Boote während des Ersten Weltkriegs vom Oberbefehlshaber der Ostseestreitkräfte. Sie mussten sich mit den flachstehenden russischen Minensperren herumschlagen. In der Nordsee bestand dieses Problem nicht. Durch die Gezeiten war man gezwungen, die Minen dort nicht zu flach einzustellen, damit sie bei Ebbe nicht an der Oberfläche auftauchten. Dieses Problem bestand in der Ostsee nicht, da dort spürbare Gezeiten fehlten. Die waffentechnische Ausrüstung war gering.
Die ersten Boote waren nur mit einem MG ausgerüstet. Ab *F 30* erhielten einige Boote eine Revolverkanone 3,7-cm. Drei Boote erhielten zeitweise ein 45er Torpedorohr auf der Back. Als Antrieb dienten zwei Benz- bzw. Hanomag-Vier-Zylinder-Otto-Motoren. Trotz der geringen Räumbreite und der geringen Schleppgeschwindigkeit erfüllten diese kleinen Boote in der Ostsee ihre Erwartungen. Nur drei Boote gingen durch Minentreffer verloren. Ihr zeitweiser Einsatz in der Nordsee schlug allerdings fehl, da ihre Nutzung nur bei günstigen Witterungsverhältnissen und in Küstennähe erfolgen konnte. Den rauen klimatischen Verhältnissen waren sie nicht gewachsen.
Die meisten Boote wurden 1920 endgültig außer Dienst gestellt. Sie wurden bis dahin bei der RM noch als Sperr- bzw. Verkehrsfahrzeuge benutzt. Danach setzte der Reichswasserschutz (RWS) 22 Fahrzeuge ein. *F 53* z.B. war bis März 1944 beim RWS und Zoll im Einsatz.

F 38 *der kaiserlichen Marine. 1917 in Dienst und außer Dienst: 22.10.1920. Im Juni 1921 nach Hamburg verkauft. (Foto: Bundesarchiv, Bild 134-B0656)*

Flachgehende Minensuchboote 1917/18 (FM)

Diese Flachgehende Minensuchboote wurden im weiteren Verlauf des Ersten Weltkrieges entwickelt. Ziel war, in der Nordsee die von den Briten gelegten flachstehenden Seeminen zu räumen. Diese Boote sollten Sperren zuerst überlaufen, um Seeminen, die verhältnismäßig dicht unter der Wasseroberfläche lauerten, zu erfassen und zu räumen. Damit sollte eine Gefährdung der Hochseeminensucher mit größerem Tiefgang vermieden werden. Diese kleinen M-Boote hatten nur einen Tiefgang von 1,70 Meter. Ihr Einsatzgebiet sollte vorrangig die Deutsche Bucht sein.
Im Juni 1917 (zum Höhepunkt des Ersten Weltkrieges) wurden die »FM-Boote« in Auftrag gegeben. Als die ersten Boote im Januar 1918 in Dienst gestellt wurden, warfen die Engländer nur noch Minen in die Außenbezirke der deutschen Auslaufwege. Die FM-Boote hatten aber nur eine Fahrstrecke von 640 sm, also zum An- und Ablaufen je 320 sm und dann käme auch noch die operative Laufstrecke dazu. Damit konnten sie diese entfernten Sperren kaum erreichen.

Insgesamt wurden 66 Boote an 21 verschiedene Werften in Auftrag gegeben. Davon wurden 26 bei der Kaiserlichen bzw. Reichsmarine in Dienst gestellt. Oft wechselten die Bordnummern bzw. wurden als Ersatz verwendet. Auf die Fertigstellung von 19 Booten wurde generell verzichtet. Aktiv im Einsatz, auch nach 1918, waren nur 10 Boote.
Zwei stehende Dreizylinder-Dampfkolbenexpansionsmaschinen (441 bzw. ab FM 37 – 551 kWh) verliehen über zwei dreiblättrige Schrauben den Booten eine maximale Geschwindigkeit von 14 bzw. von 14,3 sm/h. Die 32 bis 35 t Kohle, die gebunkert werden konnten, reichten für die bereits genannten 640 sm. Bewaffnet waren die Boote mit einer Schnellfeuerkanone 8,8-cm.

Flachgehendes Minensuchboot der FM-Klasse. (Foto: Sammlung Karr)

FM 19 – *I.D.: 14.03.1918. Von der RM übernommen, ging es nach Portugal. Dort am 26.10.1922 in Dienst, zunächst als Motor-Fährschiff, dann unter dem Namen RAOL CASCAIS als Fischerei-Schutzboot. Im September 1936 außer Dienst gestellt und abgebrochen. (Foto: narod.ru)*

FM 3 – *I.D.: 13.02.1918. Es war im Räumeinsatz und wurde von der RM übernommen. 08.05.1919 verkauft an verschiedene Firmen und Dienste. Das Foto zeigt ex* FM 3 *im vergammelten zivilen Einsatz. 1935 abgebrochen. (Foto: Postkarte)*

Unrühmlich bekannt wurde *FM 21* als »Gespensterschiff«. Am 21.04.1919 in Dienst gestellt, wurde es 1920 zum *PEILBOOT III* umgebaut und von der RM übernommen. Außer Dienst gestellt, erwarb die SA in Bremerhaven am 01.10.1928 das stillgelegte Minensuchboot. An Bord kam es dann 1933 durch die SA zu Folterungen brutalster Art, um politisch Andersdenkende zu Aussagen zu zwingen. Die Schreie der Gefolterten riefen in der Bevölkerung Proteste hervor. Sie gaben dem Schiff den Namen »Gespensterschiff«.
Ab Oktober 1933 wurde das Schiff nicht mehr als Ort für Quälereien genutzt, da ab diesem Zeitpunkt dafür die Konzentrationslager Neuengamme, Sachsenhausen oder Dachau zur Verfügung standen.
Das Schiff sank bei einem britischen Luftangriff am 24.10.1944 im flachen Hafenwasser. Es wurde 1945 gehoben, ging an Frankreich als Hulk. Abgebrochen?

FM 21. *(Foto: Bundesarchiv 134-B0656)*

FM 36. (Foto: Facta Nautika)

In Dienst gestellt am 07.10.1918, tat das Schiff Dienst in der Haff- und Flussflottille des ostpreußischen Freiwilligenkorps. Am 31.12.1919 aus der Liste der Kriegsschiffe gestrichen, wurde es zum Verkauf freigegeben. Es ging nach Rumänien, erhielt den Namen SOCRATES und operierte hauptsächlich auf der Donau zunächst im Personenverkehr und später als Schlepper. Im Oktober 1941 von der KM zurückgeholt, wurde es am 18.10.1941 wieder als Minensuchboot XANTEN bei dem Marine-Lehr-Kommando in Konstanza in Dienst gestellt. 1942 wurde das Boot zu einem U-Jagd-Boot mit der Bord-Nr. *UJ 116* umgerüstet.
Am 14.10.1942 ist die XANTEN vor der rumänischen Küste von einem sowjetischen U-Boot angegriffen worden. Der abgefeuerte Torpedo ging nur 10 Meter am Heck vorbei. Der Gegenangriff mittels Wasserbomben führte zum Erfolg. Die wahrscheinliche Versenkung des sowjetischen U-Boots *Schtsch-213* wurde auf der Position 44°39‘N und 29°05‘E erfasst. Dabei handelte es sich um das U-Boot, welches am 24.02.1942 das unter panamaischer Flagge laufende bulgarische Motorschiff STRUMA (469 BRT) etwa 14 sm nordöstlich des Bosporus durch einen Torpedo versenkte. An Bord befanden sich 782 jüdische Flüchtlinge aus Rumänien und zehn Besatzungsmitglieder. Nur ein Passagier überlebte.
Die XANTEN versenkte noch weitere zwei U-Boote der Schwarzmeer-Flotte der UdSSR und sank selbst am 25.08.1944 vor der Küste Bulgariens in Höhe des Kaps Kaliakra.

U-Boot-Zerstörer (UZ)

Dieser Bootstyp war für die Suche und Bekämpfung von U-Booten als auch zum Räumen flachstehender Minen vorgesehen. Den an dem Bau beteiligten Werften hatte man relativ freie Hand bei der Bauausführung gelassen, insbesondere was die Innenausstattung betraf. So haben die Boote zwar äußerliche Ähnlichkeiten, aber unterschiedliche technische Parameter. Das betraf insbesondere die ersten 12 Boote *UZ 1a* bis *UZ 12a*.
In der Praxis bewährten sich die ersten Boote nicht. Zur Erfüllung von zwei Hauptaufgaben waren sie zu schwach ausgelegt. Mit 12 kn Höchstgeschwindigkeit konnte keine U-Jagd durchgeführt werden. So steigerte sich das Deplacement von 20 t auf 40 t. Ende 1917 wurden sogar 60-t-Boote in Auftrag gegeben. Die Boote *UZ 12, 13, 16* und *17* waren reine Minenräumboote. Von den 47 fertiggestellten U-Boot-Zerstörern kamen nur noch wenige in den Fronteinsatz.[21)] Nach 1920 fanden sie überwiegend Verwendung beim RWS und beim Zoll.
UZ 12–14 und *20–22* wurden 1939/40 in die Hafenschutzflottillen »Kanalküste«, »Kiel« und »Westliche Ostsee« eingegliedert.

UZ 2 – *I.D.: ?.?.1917. Ist am 22.10.1920 aus der Flottenliste gestrichen worden und ging an die RWS-Polizei. Kennung: HAMBURG 12, 1925:* UZ 2 *nach Kiel. A.D.: ?*

UZ 14 – *I.D.: ?.?.1918. Am 02.09.1920 Streichung aus der Flottenliste, 1924: RWS-Polizei: TILSIT 19, 1927: Zoll NORDMARK, 1937 Flensburg – SA-Gruppe Nordmark. 1940 zur Hafenschutzflottille »Westliche Ostsee«. 1945 abgebrochen.*

UZ 35

UZ 35 – *Keine Daten bekannt. 09.06.1933 aus der Flottenliste gestrichen und am 21.10.1933 verkauft. (?) (Foto: Facta Nautika)*

UZ 16 – *I.D.: ?.?.1919 (?). Streichung aus der Flottenliste: 03.09.1920. Am 21.12.1921 verkauft. Weiterer Verbleib: ? (Foto: Facta Nautika)*

UZ 17 – *I.D.: ?.?.1919. Streichung aus der Flottenliste: 04.09.1920. RWS-Polizei Bremen, 1924 RWS KÖNIGSBERG 24. Weiterer Weg unbekannt. (Foto: Facta Nautika)*

Lindau-Klasse (320)

Die Lindau-Klasse lehnte sich an den NATO-Einheitstyp der amerikanischen Bluebird-Klasse an. Diese ersten Neubauten von Küsten-Minensuch-Booten wurden allerdings gegenüber der Bluebird-Klasse geändert. So wurde der Brückenaufbau niedriger gestaltet, um die Stabilität des Bootes zu verbessern, das Heck um zwei Meter verlängert und die Verdrängung vergrößert. Der mehrschichtige aus Teak- und Mahagoniholz verleimte Rumpf kam ohne Metallverstärkungen aus. Sogar das Spantengerüst bestand aus Holz. Damit konnte das Magnetfeld des Bootes entscheidend verringert werden.
Die Indienststellungen der 18 gebauten Boote erfolgten in den Jahren 1958 bis 1960. Sie erhielten Namen von deutschen Städten. Danach fand eine Reihe von Umbauten, Modernisierungen und neue Klassifizierungen statt.

- Zu Minenjagdbooten der Klasse 331 wurden 12 Fahrzeuge zwischen 1970 und 1979 umgebaut. Zwei Boote zur Klasse 331A und zehn zur Klasse 331B.
- Zu Hohlstablenkbooten der Klasse 351 die restlichen sechs Boote 1989.

Die Außerdienststellungen erfolgten vor den Umbauten, um danach unter einer neuen Klasse und neuen Aufgaben wieder in Dienst gestellt zu werden. So erfolgten die ersten Außerdienststellungen (außer *M 1086* FULDA) von 1975 bis 1979.
Die ersten sechs Boote *M 1070* bis *M 1075* durchliefen verschiedene Bauformen. Die auffallendste Veränderung ist der Rückbau der Brücke, die Verlängerung des Bootskörpers, neue Drehkräne u.a. Es fällt heute schwer, die Boote in die richtige Bauphase einzuordnen.

Küstenminensuchboot WEILHEIM. (Foto: Hans Karr)

Ein Küstenminensuchboot der LINDAU-Klasse in der ersten Bauausführung mit hohem Brückenaufbau. (Foto: Sammlung Karr)

Erste Bauform der Lindau-Klasse. Hier M 1072 LINDAU.

Küstenminensuchboot FULDA. (Foto: Sammlung Karr)

Küstenminensuchboot VÖLKLINGEN. (Foto: Hans Karr)

Küstenminensuchboot WEILHEIM. (Foto: Sammlung Karr)

Vegesack-Klasse (321)

Die sechs in Cherbourg (Frankreich) von 1957 bis 1960 gebauten Boote der Klasse 321 waren Lizenzbauten der US-Bluebird-Klasse. Auch diese Boote hatten einen Holz-Rumpf, um sie amagnetisch zu halten. Die Aufbauten bestanden aus Leichtmetall. Ihre Bewaffnung war schwach: 2 x 2,0-cm-Flak in Doppellafette, schwächer als bei der Lindau-Klasse. Benannt wurden sie nach westdeutschen Städten.

Nach durchschnittlich vier Jahren Einsatz beim 2. Minensuchgeschwader von 1959 bis 1963 gingen die Boote zum ersten Mal außer Dienst. Aktivierung zu Mob.-übungen 1964 und 1965. Dann ging es quer durch die Last: Je zwei Boote gingen 1965/66 wieder in Dienst und an das 1., 3. und 5. Minensuchgeschwader der Bundesmarine. 1966/67 wieder außer Dienst. 1969 Reserveflottille. Einzelne In-Dienststellungen für Mob-Übungen 1969 und 1971. Am 31. Dezember 1973 wurden alle sechs Boote aus der Liste der Kriegsschiffe der Bundesmarine gestrichen. 1975 Abgabe von fünf Booten an die Türkei. Das sechste Boot, *M 1255* PASSAU, wurde 1975 wieder in die Liste der Kriegsschiffe aufgenommen und zum Umbau als ozeanisches Messboot für die Marinewaffenschule vorgesehen. Der Plan wurde 1977 aufgegeben und das Boot am 31.12.1977 endgültig ausgesondert. 1978 erfolgte die Übergabe an die Türkei.

Küstenminensuchboot PASSAU. (Foto: Sammlung Karr)

Küstenminensuchboot HAMELN. (Foto: Sammlung Karr)

Kondor-I-Klasse

Konzipiert zur Ortung und Räumung von Minen, erhielt das Projekt die Bezeichnung »Minensuch- und -räumschiff, Projekt 89.1« (MSR). Im März 1966 wurde mit dem Bau eines Nullschiffes begonnen. Entwickelt und gebaut werden sollte ein Schiff mit besserer Minenabwehr-Bewaffnung als die noch im Dienst der Volksmarine stehenden Räumboote und -schiffe. Zur Minenortung war die vom Funkmechanik-Werk Leipzig verbesserte hydroakustische Anlage KLA58m vorgesehen, womit die Bezeichnung Minensuch- und -räumschiff seine Berechtigung erhielt. Allerdings standen weder die Anlage KLA58m (also die Minenjagdvariante) noch die vorgesehenen Motoren zur Verfügung, so dass das Nullschiff provisorisch mit der hydroakustischen Anlage zur U-Boot-Jagd ausgerüstet wurde und von der VM abgelehnte Motoren des Entwicklungsbetriebes Motorenwerk Johannisthal eingebaut werden mussten. Die späteren Serienausführungen erhielten dann aber die geplanten Anlagen.
Erstmalig zu Wasser gelassen im Januar 1967, verzögerten sich durch Ausfälle bei der See-Erprobung und bei den Ansprengversuchen die Fertigstellung und Übergabe an das WTZ bis Januar 1969. Der Bau des ersten Serienschiffes mit der Bau-Nr.: 89.101 begann im Oktober 1967 und es wurde im Mai 1969 in Dienst gestellt. Bis Dezember 1970 folgten weitere 20 Schiffe, womit insgesamt 21 MSR-Schiffe der Kondor-I-Klasse im Truppendienst waren. Sie erhielten Namen von Städten der DDR. Drei Schiffe wurden ab 1971/72 als Schulschiffe eingesetzt und ebenfalls ab 1971 weitere 18 Schiffe (Bau-Nr.: 89.104 bis 89.121) an die Grenzbrigade-Küste übergeben, wovon noch 16 Schiffe bis 1990 im Dienst blieben. Nach der Wiedervereinigung der beiden deutschen Staaten sind zunächst neun Schiffe vom Bundesgrenzschutz übernommen worden. Sechs wurden nach Übernahme aufgelegt und an Tunesien bzw. Malta verkauft. *BG-31* (*GS-06*) TEMPLIN wurde bis Oktober 1991 im Dienst behalten und ging im Juli 1992 ebenfalls an Tunesien. *BG-32* (*GS-07*) – KÜHLUNGSBORN, *BG-33* (*GS-08*) – AHRENSHOOP taten weiterhin Dienst beim BGS. Nach Abgabe der TEMPLIN an Tunesien wurde *GS-09* – BOLTENHAGEN Mitte 1991 wieder in Dienst gestellt und erhielt die Kennung *BG-31*. BOLTENHAGEN, später an Malta?

P30 – *Maltesische Marine. Ex UECKERMÜNDE. Kondor-I-Klasse. Weitere Bordnummern:* 304, S-23, G-11, G 411, GS-01. *I.D.: 01.07.1969. 1990: Aufgelegt. Juli 1992 an Malta. Dort im Jahr 2007 (neue Bordnummer* A 126*) wurde das Schiff als Taucherattraktion versenkt.*

Küsten-Minensuch- und -räumboote

Schiffstyp	Flachgehende M-Boote				UZ-Boote			Lindau Klasse 320	Vegesack Klasse	Kondor-I-Klasse
	1915		1917/18		UZ1a–12a	UZ 1–22	UZ 23–35			
	F 1–15	F 16–75	FM 1–36	FM 37–66						
Indienststellung	1916	1917/1918	1918/1919	1918/1919	1916/1918	1918	1919	1958/1960	1959/1960	1969/1970
Außerdienststellung	1920/1945	1920/1947	1919/1944	1921/1945	1916/1920	1920/1952	1920/1939	1975/1980	1973/1977	1981/1992
Deplacement	20 t	21 t	193 t	205 t	20 t	40 t	60 t	380 t	375 t	339 t
Länge über alles	16,5 m	17,5 m	43,0 m	45,0 m	17,5–21,5 m	26–27,5 m	31 m	45 m	44 m	52 m
Breite über alles	4,0 m	4,0 m	6,0 m	6,0 m	3,2–4,0 m	3,9–4,3 m	4,4 m	8,3 m	8,4 m	7,1 m
Tiefgang	1,05 m	1,05 m	1,3 m	1,3 m	0,9–1,3 m	1,0–1,47 m	1,3 m	4,0 m	2,5 m	2,3 m
Maschinenanlage	2/4-Zyl./ 4-Takt Otto	22/4-Zyl./ 4-Takt Otto	2/3-Zyl. 3-fach Exp. Ma.	2/3-Zyl. 3-fach Exp. Ma.	2/12-4-Zyl. 4-Takt Otto	2/12-4-Zyl. 4-Takt Otto	2/12-Zyl. 4-Takt Otto	2/16-Zyl. DM	2/12-Zyl. DM	2/12-Zyl. DM
Gesamtleistung	88,3 kW	88,3 kW	441,3 kW	551,6 kW	88,3-264,8 kW	304-470,2 kW	367,8 kW	2940 kW	970 kW	2942 kW
Höchstgeschwindigkeit	10 kn	11 kn	14 kn	14 kn	10-17,4 kn	14-16,4 kn	16 kn	17 kn	14,5 kn	20 kn
Fahrbereich	250 sm	250 sm	650 m	650 m	?	1100 sm	1100 sm	450 sm	5000 sm	1900 sm
Bewaffnung	1 sMg.	Vereinzelt: 1x3,7 cm	1x8,8 cm	1x8,8 cm	1 sMg.	1x5,2 cm SK	1xsMg	1x4,0 cm Flak	2x2,0 cm Flak	1x2,5 cm DL Flak
Minen	-	24	möglich	möglich	möglich	möglich	möglich	30	30	30
Besatzung	68–75	107	38	38	38	30	30	30	30	30

Minenjagdboote

Lindau-Klasse (331A/B)

Wie bereits erwähnt, wurden von 1970 bis 1979 zwölf Boote der Lindau-Klasse-320 zu Minenjagdbooten umgebaut. M 1084 FLENSBURG und M 1086 FULDA zunächst zur Klasse 331A und die restlichen zehn Boote zur Klasse 331B. Beim Umbau wurde das Backdeck nach achtern verlängert, moderne Elektronik und Führungstechnik eingebaut sowie die Minenräumtechnik verändert. Die ersten beiden Boote (331A) erhielten einen Schottelantrieb.[22)]

Je Boot befanden sich zwei Minenjagddrohnen »PAP-104 B« an Bord. Damit konnten Objekte in einer Tiefe zwischen 10 und 120 Meter identifiziert und von 10 bis 100 Meter bekämpft werden. Die 2,7 Meter langen und 1,2 Meter breiten Drohnen konnten bei einem Eigengewicht von 700 kg eine Minenvernichtungsladung von 100 kg tragen. Der Elektroantrieb über zwei Schrauben verlieh ihnen eine Geschwindigkeit von 5 kn. Die Führung erfolgte über eine 500 Meter lange Kabelverbindung.

Durch den Umbau und die technischen Erweiterungen erhöhte sich bei der Klasse 331A die Verdrängung um 65 t und bei der Klasse 331B um 40 t.

Nach ihrer Außerdienststellung in den Jahren von 1991/1995 bis 2000 gingen je zwei Boote an Lettland, Estland und Litauen, drei Boote übernahm zum Weiterverkauf die VEBEG, ein Boot ging 1995 an das Marinemuseum in Wilhelmshaven und ein Boot an das Jugendheim in Duisburg-Ruhrort.

M 1072 - *LINDAU, Wiederindienststellung nach erfolgtem Umbau zur Klasse 331B am 10.02.1978. Außerdienststellung am 02.10.2000. Ging an Estland. Dort am 09.10.2000 in Dienst als SULEV. Endgültige Außerdienststellung am 26.03.2009.*

M 1086 - FULDA, i.D.: 05.03.1960. Der Umbau zur Klasse 331A (1968 – 1970) erfolgte ohne Außerdienststellung. A.D.: 26.03.1992. Verkauf über VEBEK. Am 13.11.1995 zum Abbruch nach Dänemark.

Brückenaufbauten des Museumsschiffes und ehemaligen Minenjagdbootes WEILHEIM. (Foto: Hans Karr)

Der Steuerstand auf der WEILHEIM. (Foto: Hans Karr)

Minenjagddrohne PAP 104 auf M 1077 WEILHEIM, Klasse 331B. Die Drohne wurde in den 1950er Jahren bei der britischen Royal Navy eingeführt. (Foto: Marinemuseum Wilhelmshaven)

Kulmbach-Klasse (333)

Fünf Boote der Hameln-Klasse wurden im Zeitraum von 1999 bis 2002 zu Minenjagdbooten der Kulmbach-Klasse umgebaut. In der gleichen Zeit fand der Umbau von weiteren fünf Booten zu Hohlstablenkbooten der Ensdorf-Klasse statt.
Der Umbau hatte zum Ziel, die Boote für eine neue Aufgabe und eine neue Ausrüstung anzupassen. Im Mittelpunkt bei der Minenbekämpfung stand nicht mehr das Zündsystem als Ziel, sondern die Form und der Ort der Mine. Deshalb erhielten die Boote ein Unterwasserortungssonar, welches die Objekte ortete und identifizierte – die Minenjagddrohne »Seefuchs«.
Neben der Minenjagd waren die Boote auch in der Lage eine größere Anzahl von Minen zu legen. 1989/1991 als Hameln-Klasse 343 in Dienst gestellt, gingen sie nach ihrem Umbau bis 2012/2016 als Minenjagdboote in den Dienst des 3. Minensuchgeschwaders nach Kiel.

M 1091 – *KULMBACH, i.D.: 24.04.1990 als Hameln-Klasse, Umbau 1999–2001 zum Minenjagdboot 333. 2012 außer Dienst.*

M 1095 – *ÜBERHERRN, i.D.: 19.09.1989. Umbau 1999–2001 auf der Peene-Werft Wolgast. 2016 außer Dienst. (Foto: Bundeswehr/Marine)*

M 1099 – *HERTEN, i.D.: 26.02.1991. Umbau ebenfalls 1999–2001 zum Minenjagdboot 333. A.-D.: 2016. (Foto: Ralf Roletschek-/ CC-BY-SA 3.0)*

Unterwasserdrohne Seefuchs

Das Drohnensystem kann sowohl Ankertau- als auch Grundminen aufspüren und bekämpfen. Dazu ist es mit einer Videokamera und einem Sonargerät ausgerüstet. Zum Einsatz kommen zwei Drohnen. Die erste (Seefuchs I – Identifikation) spürt auf und identifiziert die Mine, die zweite (Seefuchs C – contest/kämpfen) verfügt über eine Sprengladung von 1,4 kg TNT, mit der die Mine gesprengt wird; die Drohne selbst geht dabei verloren. Es gibt noch eine dritte Art: »Seefuchs T« – Training. Geführt werden die etwa 1,30 Meter langen und 40 kg schweren Drohnen über ein Lichtwellenkabel.
Vorrangig eingesetzt werden sie mit dem bordeigenen Sonar auf den Minenjagdbooten der Klassen 333 (Kulmbach-Klasse) und 352 (Ensdorf-Klasse). Aber auch auf Booten der Frankenthal-Klasse ist ihre Verwendung, falls erforderlich, möglich.

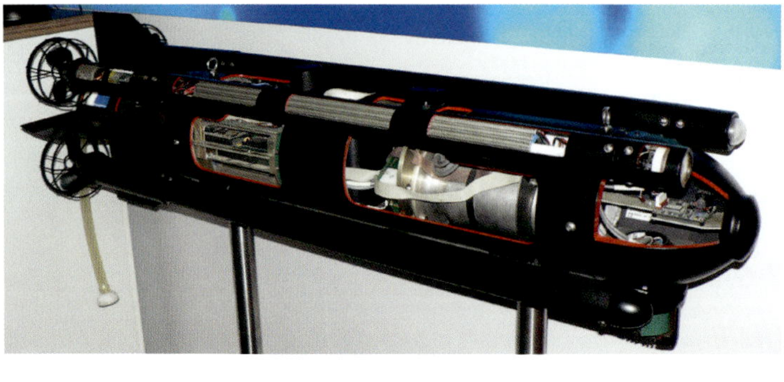

Unterwasserdrohne Seefuchs als Ausstellungsexemplar auf einer Messe. (Foto: Hans Karr)

Ein Minenjagdboot der Frankenthal-Klasse mit einem Seefuchs. (Foto: Bundeswehr/Marine)

Frankenthal-Klasse (332, 332B)

Unter Verwendung des für die Minenjagd- und -suchboote entwickelten einheitlichen Bootskörpers (Hameln-Klasse, Kulmbach-Klasse und Ensdorf-Klasse) wurden ab 1992 zwölf Minenjagdboote der Frankenthal-Klasse gebaut. Die Frankenthaler gehören damit zur dritten Generation der deutschen Nachkriegsminenjagdboote.

Die Entwicklung der 332er lief parallel zur Entwicklung der Hameln-Klasse – 343. Ausgerüstet waren bzw. sind die Boote u.a. mit zwei über Kabel ferngelenkten Minenjagddrohnen vom Typ »Pinguin B3« sowie einer Sonaranlage zur Ortung von Minen.

Die 1992/1998 in Dienst gestellten Boote gehörten anfänglich zum 3. Minensuchgeschwader in Kiel. Im Jahre 2020 befanden sich noch acht Minenjagdboote im Einsatz. Zwei, die ROTTWEIL und die BAD RAPPENAU, gingen 2007 bzw. 2012 außer Dienst und wurden zu Minentauchereinsatzbooten der Klasse 232B umgebaut. 2008 und 2013 wurden sie dann wieder in Dienst gestellt. Zum Einsatz der 15 Minentaucher an Bord befindet sich am Heck eine Taucherplattform. Ausgerüstet sind sie mit der Unterwassersuchdrohne »Remus«[23]. Die Minentauchereinsatzgruppe hat die Aufgabe, schwer zugängliche und enge Stellen abzusuchen sowie Minen zu entschärfen. Diese Taucher hatten und haben eine spezielle Ausbildung zur Beseitigung von Kampfmitteln aller Art.

Die ältesten Boote, *M 1060* WEIDEN und *M 1066* FRANKENTHAL, wurden am 30.06.2006 außer Dienst gestellt und am gleichen Tag für die Vereinigten Arabischen Emirate unter den Namen AL HASBA und AL MADJAN wieder aktiviert.

Mit der Indienststellung bestand das Hauptkaliber auf den Booten aus einem 4,0-cm/L70-Geschütz. Dieses wurde durch ein Marineleichtgeschütz 27[24] (MLG 27) ersetzt.

Drei Minenjagdboote der FRANKENTHAL-Klasse im Marinestützpunkt Kiel im Päckchen liegend. (Fotos: Hans Karr)

Minenjagdboot BAD BEVENSEN. (Fotos: Hans Karr)

Minenjagdboot BAD RAPPENAU. (Foto: Hans Karr)

M 1061 – *ROTTWEIL, i.D. 07.07.1963 als Minenjagdboot und zweite Indienststellung als Minentaucher-einsatzboot – 2008.*

M 1065 – *DILLINGEN, Stapellauf am 26.05.1995. Indienststellung erfolgte am 25.04.1995. Z. Zt. stationiert in Kiel, 3. MSG seit 2007. (Fotos: Abeking & Rasmussen; Bundeswehr/Marine)*

M 1069 – *HOMBURG, i.D.: 26.09.1995. Ebenfalls seit 2007 in Kiel stationiert. Auslaufend in die westliche Ostsee zum Manöver »German Exercise«, voraus auslaufend Tender MAIN (Elbe-Klasse), 31.08.–07.09.2020. (Foto: Bundeswehr/Marine)*

Minenjagddrohne Pinguin

Die schon etwas in die Jahre gekommene Minenjagddrohne Pinguin kann mit einem hochauflösenden Nahbereichssonar sowie einer Videokamera Unterwasserobjekte in einer Tiefe von 10 bis 120 Meter optisch identifizieren. Falls sich die zuvor vom Minenjagdboot über einer Sonaranlage georteten Objekte als gegnerische Minen herausstellen, können diese mithilfe einer mitgeführten fernzündbaren Sprengladung vernichtet werden.

Die Drohnen sind 2,70 Meter lang, 1,20 Meter breit und haben ein Gewicht von 700 kg. Die Sprengladung beträgt 100 kg. Der Antrieb und die Steuerung erfolgen über zwei Schrauben. Ihre Geschwindigkeit beträgt 5 Knoten und die Reichweite der Kabelverbindung 500 Meter.

Oben: Klarmachen zum Einsatz – 1999. (Foto: Bundeswehr/Marine)

Links: Unterwasserdrohne PINGUIN. (Foto: Olaf Hoffmann / CC-BY-SA 3.0)

Minenjagdboote					
Schiffstyp	**Lindau-Klasse**		**Kulmbach-Klasse 333**	**Frankenthal-Klasse**	
	331A	331B		332	332B
Schiffsnummer	M 1084 + M 1086	M 1070–1072, 1074, 1075, 1077, 1078,1080, 1085, 1087	M 1091, 1095–1097, 1099	M 1058– M 1969	M 1061 M 1067
Indienststellung	1972	1978/1979	2000/2001	1992/1998	2008/2013
Außerdienststellung	1991/1992	1995/2000	2012/2016	2006: M 1060 + 1066	I.D.
Deplacement	466 t	420 t	630 t	644 t	644 t
Länge über alles	47,1 m	47,5 m	54, 4 m	54, 4 m	54, 4 m
Breite über alles	8,5 m	8,3 m	9,2 m	9,2 m	9,2 m
Tiefgang	3,6 m	3,6 m	2,5 m	2,6 m	2,6 m
Maschinenanlage	2/16-Zyl. DM	2/16-Zyl. DM	2/16-Zyl. DM	2/16-Zyl. DM	2/16-Zyl. DM
Gesamtleistung	2940 kW	2940 kW	4080 kW	4080 kW	4080 kW
Höchstgeschwindigkeit	17 kn	17 kn	18 kn	18 kn	18 kn
Fahrbereich	945 sm bei 16 kn	945 sm bei 16 kn	?	?	?
Bewaffnung	1x4cm Flak, Fliegerfaust 2 Stinger	1x4cm Flak, Fliegerfaust 2 Stinger	2x4cm Flak, Fliegerfaust 2 Stinger	1x7cm MLG, Fliegerfaust 2 Stinger	1x7cm MLG, Fliegerfaust 2 Stinger
Minen	---	---	---	20	---
Besatzung	43	43	37	44	35

Rechte Seite: M 1064 – DENEB, (Klasse 341), i.D.: 07.12.1961. Hier als Wachboot mit zwei 4,0-cm-Flak. Mitte der 1960er Jahre erfolgte dann der Umbau zum Schnellen Minensuchboot und die achterne Flak wurde demontiert. 08.09.1989 a.D. (Foto: Sammlung Karr)

Schnelle Minensuchboote

Schütze-Klasse (340, 341)

Mit diesen Booten wurden zwei neue Klassen geschaffen. Äußerlich unterschieden sie sich kaum. Die Klasse 340 wurde mit Mercedes-Benz-Diesel-Motoren und die Klasse 341 mit Maybach-Motoren ausgerüstet. Die Schütze-Klasse war eine Weiterentwicklung der Minenräumboote R 301 bis R 312 der KM, deren Grundlagen bereits im Zweiten Weltkrieg entwickelt worden sind. Schnelle Minensuchboote stehen für hohe Geschwindigkeit und hohe Seetüchtigkeit. Sie sind universell einzusetzen: Minen suchen, räumen, legen (bedingt) und zum Vorpostendienst.
Der Rumpf war aus dreifach diagonal beplanktem Teak- und Mahagoniholz gebaut. Die Aufbauten und Schotten wurden aus zentralafrikanischem Ilomba-Weichholz gefertigt. Dieses Holz war anfällig für Pilzbefall. Wartungen und Reparaturen führten zu häufigen Werftaufenthalten.
Die Minenräumausrüstung bestand aus dem klassischen Scherdrachenräumgerät. Zur Selbstverteidigung diente das 4-cm-Bofors-Geschütz auf dem Vorschiff. Ursprünglich waren zwei 4,0-cm-Flak L/70 vorgesehen, Bug und Heck je eine. Aber bereits 1959 musste die achtern aufgestellte Flak zu Gunsten einer Kabeltrommelwinde weichen. Sechs Boote fuhren bis Mitte der 1960er Jahre mit zwei 4,0-cm-Flak in Einzellafette – ohne Minenräumausrüstung. Diese wurden in der Zeit als Wachboote geführt. *M 1053* – STIER ist 1970 zum Minentaucherboot umgebaut worden und wurde der Minentaucherkompanie unterstellt.
Bei einigen Booten wurden die Bordnummern häufig gewechselt. Insbesondere bei den ersten Booten dieser Klasse. So als Beispiel das am 14.04.1959 als SCHÜTZE in Dienst gestellte Boot. Es führte nacheinander die Bordnummern: *M 1090, M 1058, M 1064* und endgültig *M 1062*.
In den Jahren 1971 bis 1995 gingen alle Minensucher außer Dienst. Als Erstes bereits am 02.08.1971: *M 1099* URANUS. Am 24.09.1961 hatte URANUS, angeblich während der Werfterprobung (das Boot wurde aber bereits am 05.07.1960 (!) in Dienst gestellt), eine unliebsame Begegnung mit TS-Booten der Volksmarine. Mehrere Schnellboote der DDR-Marine sollen versucht haben, das unbewaffnete Boot in die Hoheitsgewässer der DDR abzudrängen[25)]. 10 Jahre später wurde URANUS nach einem Großbrand im Motorraum außer Dienst gestellt.
Weitere Boote gingen nach ihrer aktiven Dienstzeit als »Klubboote« o.ä. an Marinekameradschaften. So z.B. *M 1052* – KREBS nach Datteln, *M 1091* STEINBOCK nach Wilhelmshaven, andere Boote nach Hameln, Rehlingen, Elklingen oder Büsum. Etwa 14 Boote wurden über die VEBEG verkauft.
Anfang der 1970er Jahre wurden sechs Boote für die brasilianische Marine gebaut und geliefert.

M 1052 – KREBS, (Klasse 340), i.D. 21.07.1959 und am 19.01.1960 a.D. zur Umrüstung. Ausbau Voith-Schneider-Propeller, da geplante Geschwindigkeit nicht erreicht werden konnte und einzelne Propellermesser verloren gingen. Einbau eines normalen Schraubenvortriebs. Wieder i.D.: 20.01.1961. Nach Außerdienststellung am 13.10.1973 an Marinekameradschaft Datteln. (Foto: Sammlung Karr)

Schnelles Minensuchboot NEPTUN. (Foto: Sammlung Karr)

Das ehemalige Schnelle Minensuchboot STEINBOCK in seinem Zustand im Juni 2017 in Wilhelmshaven aufliegend. (Foto: Hans Karr)

Das ehemalige Schnelle Minensuchboot WEGA als Auflieger im Juli 2011 in Wilhelmshaven. (Foto: Hans Karr)

Hameln-Klasse (343)

In den 1980er Jahren wurde deutlich, dass die vorhandenen Minensuch- und -räumboote wegen ihres Alters ersetzt werden mussten. Finanziell war es nicht zu schaffen, alle sich im Dienst befindlichen 60 Boote durch Neubauten zu ersetzen. Außerdem sollte die Typenvielfalt gesenkt werden. Die Lösung bestand in der Schaffung eines »Einheitsrumpfes«, welcher als Basis für den Aufbau verschiedener Varianten dienen konnte.

Als erste Serie des Einheitsrumpfes wurden zehn Boote der Hameln-Klasse zwischen 1986 und 1991 von drei verschiedenen Werften in Sektionsbauweise hergestellt: Mittelsektion und Deckshäuser bei Lürssen (und Endmontage von vier Booten), Achterschiffssektion bei Abeking & Rasmussen (drei Boote – Endmontage) und die Vorschiffssektion bei der Krögerwerft (Endmontage von drei Booten). Nach dem Zusammenbau verlegten die Boote mit eigener Kraft zu den Endausrüstungswerften: Lürssen – 7 Boote und Abeking & Rasmussen drei Boote. Das setzte eine verlässliche Logistik zwischen den Werften voraus.

Als Hauptaufgabe wurde das Minenlegen unter Bedrohung konzipiert, sie konnten darüber hinaus auch Minen aufspüren und bekämpfen. Die ursprüngliche Bezeichnung war »Minenkampfboot«. Diese wurde 1988 in »Schnelle Minensuchboote« umgewandelt.

Die Hameln-Klasse löste die Boote der Schütze-Klasse ab. Ihre artilleriespezifische Bewaffnung bestand aus zwei 4,0-cm-Flak in Marineeinzellafetten. Charakteristisch war die »Mauserhaube«, eine Glasfaserschutzkuppel über der Flak.

Die Boote erhielten die Namen von Patenstädten der Schütze-Klasse. Fünf Boote wurden 1999/2001 auf der Peene-Werft in Wolgast zu Minenjagdbooten der Kulmbach-Klasse 333 und die restlichen fünf Boote zu Hohlstablenkbooten der Ensdorf-Klasse 352 in den Bremer Werften Friedrich-Lürssen und Abeking & Rasmussen umgebaut. Damit hörte die Hameln-Klasse 343 auf zu existieren.

Das Schnelle Minensuchboot HAMELN besuchte im Mai 2011 den Hafengeburtstag in Hamburg. (Foto: Hans Karr)

Schnelles Minensuchboot PASSAU. Die Aufnahme stammt vom 26. Juni 2008. (Foto: Hans Karr)

Das außer Dienst gestellte Schnelle Minensuchboot PASSAU im Juli 2015 als Auflieger im Marinearsenalhafen Kiel. (Foto: Hans Karr)

Schnelle Minensuchboote			
Schiffstyp	**Schütze-Klasse**		**Hameln-Klasse**
	340	341	343
Bordnummern	M 1050–M 1059	M 1060, 1062–1069, M 1090–M 1099	M 1090–M 1099
Indienststellung	1959/1962	1959/1963	1989/1991
Außerdienststellung	1973/1992	1971/1995	1999/2001
Deplacement	266 t	280 t	635 t
Länge ü.a.	47,4 m	47,4 m	54,4 m
Breite ü.a.	7,2 m	7,2 m	9,2 m
Tiefgang	2,15 m	2,15 m	2,5 m
Maschinenanlage	2 / Mercedes-Benz-16-Zyl. DM	2 / Maybach-16-Zyl. DM	2 MTU-16-Zyl. DM
Gesamtleistung	3300 kW	3500 kW	4481 kW
Höchstgeschwindigkeit	25 kn	25 kn	18 kn
Fahrbereich	718 sm bei 20 kn	718 sm bei 20 kn	?
Bewaffnung	1x4 cm Flak	1x4 cm Flak	2x4 cm Flak, Fliegerfaust 2
Minen	30	30	60
Besatzung	31	31	37–42
Besatzung	43	43	44

Schnelles Minensuchboot AUERBACH. (Foto: Hans Karr)

Das Schnelle Minensuchboot AUERBACH nach seiner Außerdienststellung als Auflieger im Marinearsenal Kiel. (Foto: Hans Karr)

M 1097 – *LABOE, i.D.: 07.12.1989. Im Zeitraum 1999/2001 ebenfalls Umbau zur Klasse 333. A.D.: 28.03.2012. (Foto: Bundeswehr/Marine)*

Schnelles Minensuchboot PEGNITZ. (Fotos: Hans Karr)

Hohlstablenkboote

Schleswig-Klasse (351)

Sechs ehemals zur Lindau-Klasse (320) gehörende Boote wurden im Zeitraum Februar 1979 bis November 1983 mit dem »Troika-System« zum Lenken von Hohlstabbooten des Typs »Seehund« umgebaut. Die Lenkeinrichtung bestand aus einem Zweiband-Rundsuchradar, der Sichtgerätegruppe mit vier Sichtgeräten sowie der Lenkeinrichtung mit Bedienkonsolen. Ein Boot konnte gleichzeitig drei Hohlstäbe steuern.

Der Umbau beinhaltete auch die Neugestaltung der Operationszentrale (OPZ), die Verlängerung des Deckshauses, die Aufstellung eines neuen Pfahlmastes und eines neuen Aussetzkranes sowie weiterer technischer und elektrotechnischer Ausrüstungen. Nach ihrer Außerdienststellung 1999 und 2000 gingen alle sechs Boote nach Südafrika.

Das Hohlstablenkboot ULM (li) und das Minenjagdboot MINDEN (re) auf dem Marsch in das Einsatzgebiet. (Foto: Emil Eulenstein / CC-BY-SA 3.0)

Ensdorf-Klasse (352)

Von den zehn Booten der Hameln-Klasse sind von 1999 bis 2001 fünf Boote zu Hohlstablenkbooten der Ensdorf-Klasse umgebaut worden. Sie ersetzten sechs Hohlstablenkboote der Schleswig-Klasse 351. Während des Umbaus wurden die Boote nicht außer Dienst gestellt. Mit dem Fernlenkräumgerät »Seehund« bildeten sie das System »Troika plus«. Das Einsatzverfahren sah vor, bis zu vier unbemannte »Seehunde« fernzulenken. Das Lenkfahrzeug selbst lag beim aktiven Räumen außerhalb des Minenfeldes. Die Ensdorf-Klasse war mit einem Minenmeidesonar zum Erkennen von Ankertauminen, mit einer Lenk- und Überwachungseinrichtung für die vier Fernlenkräumgeräte, mit Einwegdrohnen »Seefuchs« sowie mechanischem Räumgerät gegen Ankertauminen ausgerüstet.

M 1090 – *PEGNITZ. I.D.: 08.03.1990 als Schnelles Minensuchboot der Hameln-Klasse. Der Umbau zum Hohlstablenkboot erfolgte 1999/2000 auf der »Fr. Lürssen Werft & Co.KG« in Bremen. 2020 noch aktiv als Truppenwerbeplattform. (Foto: Bundeswehr/Marine)*

Minenjagdboot ENSDORF. (Foto: Hans Karr)

Zwei Boote (*M 1090* und *M 1098*) befanden sich 2020 als Truppenwerbeplattformen noch im Dienst. *M 1094* ENSDORF wurde am 31.07.2014 außer Dienst gestellt und an der Marinetechnikschule in Parow als Ausbildungshulk genutzt.

M 1096 – *PASSAU. I.D.: 18.12.1990. Umbau bei »Abeking & Rasmussen Schiffs- und Yachtwerft AG« in Lemwerder bei Bremen. Außer Dienst: 27.09.2013. (Foto: Bundeswehr/Marine)*

M 1098 – *SIEGBURG. I.D.: 26.07.1990. Nach entsprechendem Umbau noch 2020 im Einsatz. (Foto: Bundeswehr/Marine)*

Minenräumdrohne Seehund für 351 und 352 (Troika-System)

Das Hohlstabfernräumgerät HFG-F 1, der sogenannte »Seehund«, ist ein Simulationsräumgerät, welches ferngelenkt zum Minenräumen eingesetzt wird.
Im Zweiten Weltkrieg wurden ähnliche Geräte zum Räumen von Grundminen verwendet, allerdings nicht ferngelenkt, sondern bis zu 200 m hinter dem Räumfahrzeug geschleppt. Diese 12 bis 20 Meter langen Hohlstäbe ahmten das Magnetfeld großer Schiffe nach und konnten damit Magnetminen auslösen. Nach dem Krieg wurden in beiden deutschen Marinen weiter Hohlstäbe verschiedener Größenordnungen genutzt.
1960 wurde in der BM begonnen, das Minenabwehrsystem »Troika« zu entwickeln. Ziel war es, Hohlstäbe nicht durch das Minengebiet zu ziehen, sondern ferngelenkt zu schieben. Wenn die Räumgeräte vorauslaufen, wird die Gefahr für das Minenjagdboot erheblich verringert. Die ersten Fernräumgeräte gingen von 1959 bis 1966 zur Erprobung an die Flotte: WALROSS (85 t, 26 Meter lang, Antrieb: 162 kW, Schottelantrieb, ein Gerät) und SEEKUH (90 t, 24 Meter lang, Antrieb: 470 kW, drei Geräte). Aus diesen »Vorläufern« wurde dann das System »Troika PLUS« abgeleitet, welches seit Anfang der 1980er Jahre eingesetzt wird. Zwischen 1980 und 1982 wurden 18 Seehunde gebaut. Der eigentliche Hohlstab – er beinhaltet die zum Räumen erforderliche magnetische Spule – ist mit einem hölzernen Bootsrumpf versehen. Zusätzlich befindet sich eine Geräuschboje zum Räumen von akustischen Minen an Bord.
Je Hohlstablenkboot werden immer drei bis vier Räumgeräte zugeordnet. Auf der Fahrt zum Einsatzgebiet befinden sich zwei Mann Besatzung an Bord. Der »Kommandant« muss zum Fahren eine dreiwöchige Ausbildung durchlaufen, die mit einer Prüfung beendet wird. Mit Eintreffen der Boote im Räumgebiet geht die Besatzung von Bord und das entsprechende Hohlstablenkboot übernimmt.
2007 bis 2011 wurden die 18 Boote der Seehund-Klasse modernisiert und instand gesetzt.

Minenräumdrohne SEEHUND im Transitmarsch. (Fotos: Hans Karr)

Minenräumdrohnen SEEHUND im Päckchen liegend. (Foto: Hans Karr)

Zwei »Seekühe« Anfang der 1960er Jahre bei der Erprobung. (Foto: Bundeswehr/Marine)

Hohlstabfernräumgerät, Typ Seehund. (Foto: Wikipedia gemeinfrei)

SEEHUND 3 und 2, ferngesteuert im Einsatz. (Foto: Bundeswehr/Marine)

Schnelle Minensuchboote			
Schiffstyp	**Schleswig-Klasse 351**	**Emsdorf-Klasse 352**	**Minenräumdrohne »Seehund« für 351 und 352**
Bordnummern	M 1073, 1076, 1079, 1081–1083	M 1090, 1092–1094, 1098	01 bis 18
Indienststellung	1981–1983	1999–2001	1980–1982
Außerdienststellung	1999–2000	2014–2015 M1090 + 1098 noch im Dienst	Noch im Dienst
Deplacement	370 t	650 t	99 t
Länge ü.a.	47,7 m	54,4 m	26,9 m
Breite ü.a.	8,3 m	9,2 m	4,6 m
Tiefgang	2,8 m	2,5 m	1,4 m
Maschinenanlage	2 / 16-Zyl. DM	2 / 16-Zyl. DM	12-Zyl. DM
Gesamtleistung	2940 kW	4080 kW	328 Kw
Höchstgeschwindigkeit	19 kn	18 kn	9 kn
Fahrbereich	2200 sm bei 16 kn	---	---
Bewaffnung	1x4,0 cm Flak, 3 x Räumdrohne	2x4 cm Flak, 2 x Fliegerfaust 2, MASS	Keine
Minen	---	60	---
Besatzung	44	42	zeitweise 2–3

Räumboote (R-Boote)

Die konstruktive Entwicklung der R-Boote begann nach Ende des Ersten Weltkrieges. Der Krieg hatte gezeigt, dass der massive Einsatz der Minenwaffe durch alle beteiligten seekriegsführenden Länder den Bedarf an Räumkräften enorm gesteigert hatte – nicht nur auf hoher See, sondern insbesondere auch auf den Zufahrtswegen zu den Häfen, im Küstenvorfeld, Flussmündungen und flachen Gewässern. Dafür wurden kleine, wendige Boote zum Räumen der Minenfelder benötigt. Geräumt werden mussten hauptsächlich Ankertauminen, aber die weitere Entwicklung von Grundminen, Magnetfeldminen, elektromagnetischen und akustischen Minen erforderte Fahrzeuge, die amagnetisch, wendig und nicht zu groß für den Einsatz auch im Küstenvorfeld waren.

Um nicht gegen den Versailler Vertrag[26)] zu verstoßen, bzw. um deren Festlegungen zu umgehen, begann die Werft Abeking & Rasmussen (A&R) bereits 1920 den Grundtyp des R-Bootes in Fortsetzung der UZ-Serie von 1916 zu entwerfen. 1930 erfolgte dann an A&R und an die Lürssen Werft der Auftrag, unter den Tarnbezeichnungen »Schneller Dieselschlepper« und »Sperrübungsfahrzeug« je ein Minenräumboot aus Holz mit 24,5 Meter Länge zu bauen. So entstanden *R 1* von Lürssen und *R 2* von A&R. Bis 1945 wurden etwa gebaut, von:

- Abeking & Rasmussen: 160 Boote, (weitere 73 Boote vor Baubeginn annulliert)
- Burmester Werft: 145 Boote, (weitere 46 Boote vor Baubeginn annulliert)
- Schlichting Werft: 12 Boote
- Lürssen Werft: 2 Boote

Die über 310 im Krieg eingesetzten Boote erwiesen sich als standfeste und seegängige Fahrzeuge. Sie waren vielseitig einsetzbar und erfüllten nicht nur ihre ursprünglichen Aufgaben, sondern wurden oftmals auch im Vorpostendienst, zur Konvoisicherung, zu Patrouillen und zur Seenotrettung eingesetzt. Aber auch sehr oft zur Eskortierung von U-Booten in und aus ihren Stützpunkten.

Haupteinsatzgebiet waren der Ärmelkanal und das Mittelmeer. Circa 140 Boote überstanden den Krieg und gingen nach der Kapitulation der Wehrmacht an die USA (48 Boote), die Sowjetunion (45 Boote), Dänemark (24 Boote), Großbritannien (11 Boote), die Niederlande (8 Boote) und Norwegen (4 Boote). Die Hälfte der R-Boote wurde dann zur Bildung des »Deutschen Minenräumdienstes« (GMSA[16)]) verwendet. Der aus sechs Minenräumdivisionen bestehende Verband setzte die 72 übernommenen R-Boote zum Minenräumen in der westlichen Ostsee, der Deutschen Bucht und der norwegischen Gewässer ein. Nach Auflösung des Verbandes zum 31.12.1947 wurden die Räumbestände neu verteilt.

Zwölf R-Boote (*R 132* bis *R 138* und *R 140* bis *R 147*) verblieben im neu gebildeten »Minenräumverband des Zollgrenzschutzes Cuxhaven«, welcher von Januar 1948 bis März 195 bestand (siehe Anmerkung[16)].

R-Boote 60 t

Die von den o.g. Werften gelieferten ersten beiden Boote entsprachen im Wesentlichen den Vorgaben der Reichsmarine. A&R gelang es, mit *R 2* nach umfangreichen Versuchen, insbesondere mit der Antriebs- und Schraubenanlage, maßgebend am Bau der R-Boote beteiligt zu sein. Ab 1932 folgten *R 3* bis *R 7* sowie die etwas größeren Boote *R 9* bis *R 16*. Diese Boote wurden noch in der traditionellen Bauweise mit halbhoher Back im vorderen Drittel und gleichhohem, durchlaufendem Mittelteil für die Motoren- und Wohnraumaufbauten gefertigt.

Anfangs erhielten die Boote eine 2-cm-Flak, deren Anzahl sich im Lauf des Krieges bis auf vier erhöhte. Während des Krieges wurden sie über Binnenwasserstraßen und über Land in das Mittelmeer verlegt.

Alle Boote gingen dort verloren. Zum Beispiel: *R 7* und *R 13* vor Salerno (Italien); *R 8, R 10* und *R 16* in der Tagliamentomündung (Adria); *R 9* und *R 11* in der Bucht von Bardia (Libysche Küste). *R 1* und *R 3* wurden in Toulon (Südfrankreich) durch Fliegerbomben schwer beschädigt, nach Eckernförde verlegt und im Dezember 1943 außer Dienst gestellt (Versuchshulk). *R 2* ebenfalls in Eckernförde, Februar 1945 a.D. *R 12* ging durch Minentreffer und *R 15* durch Torpedotreffer in der Adria verloren. *R 4*

R 12, *i.D. 28.06.1934. Es gehörte zu den Booten, welche 1941 in das Mittelmeer verlegt wurden. (Foto: Postkarte)*

Reinhart Ostertag beschreibt in seinem Buch »Deutsche Minensucher«, 1986, wie die Verlegung der Boote in das Mittelmeer aussah:
»Dafür wurde die 6. Räumbootsflottille (Kapitänleutnant Reischauer) vorgesehen, die dann im August 1941 ihre bisherigen R-Boote abgab und die kleinen R-Boote *R9–R16* in Dienst stellte, die die Schleusen des Rhein-Rhone-Kanals passieren konnten. Ende November liefen acht Boote in drei Gruppen mit einer Woche Zwischenraum über Rotterdam den Rhein hinauf bis Straßburg. Von dort ging die Fahrt in Zivil als »Flugsicherungsboote« weiter. Die Schleusen konnten gerade ein Boot aufnehmen. Auf dem Doubs fuhr man meist in Treidelfahrt. Ab Dole konnte man auf einem Kanal mit eigener Kraft bis Chalon sur Saone fahren. Da der Wasserstand auf der Rhone noch nicht die benötigten 1,60 Meter erreicht hatte, musste die Flottille bis Ende Januar 1942 warten. Dann ging es in rascher Fahrt durch den unbesetzten Teil Frankreichs über Arles nach Port St. Louis am Mittelmeer. Anfang Februar 1942 waren alle Boote in La Spezia zur Ausrüstung, und im April 1942 lief die Flottille in ihren vorläufigen Stützpunkt Trapani auf Sizilien ein.«[27]

R 3/R 7 *(?), i.D. 05–09/1933 (?). Es ist eindeutig ein 60-t-Boot. Halbhohe Back, hoher Motoren- bzw. Wohnraumaufbau. Ohne Bewaffnung. Ein Boot aus der ersten Serie. (Foto: Postkarte)*

in Albona (Adriaküste), *R 6* vor Civitavecchia (Italien) und *R 14* in der Werft von Monfalcone (Golf von Venedig/Italien) durch Bomben. *R 5* konnte nicht in das Mittelmeer verlegt werden, weil es bereits am 03.01.1940 vor Stolpmünde (Ostsee) durch Eispressung gestrandet und gesunken war.

R-Boote 115 t

Im Frühjahr 1935 entstanden bei A&R die in ihren Parametern vergrößerten Boote *R 18* bis *R 20* und 1937/38 *R 21* bis *R 23*, welche wiederum geringfügig verändert waren. Die R-Boote *17* bis *24* waren mit dem Voith-Schneider-Antrieb[5)] versehen. Wobei *R 17* und *R 24* auf der Schlichting Werft in Travemünde vom Stapel liefen. Dieser Antrieb verlieh den Booten eine hohe Manövrierfähigkeit. Sie konnten auf der Stelle drehen, blieben aber mit der Geschwindigkeit um etwa ein Zehntel gegenüber dem Schraubenantrieb der anderen Boote zurück. Außerdem gab es große Lieferschwierigkeiten durch die Zulieferindustrie. Die Bootskörper waren jetzt flach, hatten aber mittschiffs noch einen langen Aufbau.
Die Bewaffnung bestand aus zwei 2-cm-Flak-Geschützen. *R 17* ging bei der Anlandung von Truppen bei Horten (Norwegen) durch Beschuss des norwegischen Minenlegers OLAF TRYGGVASON verloren, während *R 21* erfolgreich Truppen an Land setzen konnte. Sechs von den acht Booten gingen als Beute an die Siegermächte.

R-Boote 110 t

Die Boote *R 25* bis *R 40* folgten in den Jahren1938/39 auf der A&R-Werft (11 Boote) sowie bei Schlichting (5 Boote). Wieder mit Schraubenantrieb. Die zu dieser Klasse gehörenden 67 Boote *R 151* bis *R 217* wurden von 1940 bis 1943 bei Burmester in Burg-Lesum und in Swinemünde gefertigt. *R 130* bis *R 150* waren wieder mit Voith-Schneider-Antrieb ausgerüstet. Der Bootsrumpf hatte jetzt ein glattes, durchgehendes Hauptdeck (Flushdeck) mit Knickspanten im Vorschiff. Diese Form wurde dann bei fast allen folgenden Booten beibehalten. Die Bewaffnung war sehr unterschiedlich und änderte sich ständig im Verlauf des Krieges. In der Regel bestand sie aus zwei 2-cm-Flak und bei späteren Booten zusätzlich einer 3,7-cm-Flak.
Ein Luftangriff von acht britischen Hurricane-Jagdflugzeugen am 01.10.1941 auf *R 33, R 35, R 38* und *R 165* vor Dieppe führte zur Verstärkung der Panzerung. Die Folge dieses 4-minütigen Angriffs waren 13 Tote, darunter der Divisionschef, der Flottillenchef und ein Kommandant, 20 Schwerverletzte, darunter zwei Kommandanten und 22 Leichtverletzte. Treffer in den Motoren, der Druckluftleitungen und in den Brennstofftanks führten zu weiteren längeren Ausfällen der Boote. In Auswertung dieser hohen Verluste erhielten alle Boote einen verstärkten Splitterschutz des Ruderhauses, eine verstärkte Flakbewaffnung sowie Schutzschilde für die Geschütze. Diese Verbesserung führte nachweislich zur Verrin-

R 17 *oder bis* R 20. *Deutlich zu erkennen: Flushdecker mit langgezogenem Mittelaufbau hinter der Brücke. Ihre Indienststellungen fanden zwischen August und Dezember 1935 statt. Keines der Boote überstand den Krieg. (Foto: Postkarte)*

gerung des Personalausfalls, welcher andererseits einen präziseren Waffeneinsatz zur Folge hatte. Mitte 1943 verlegten *R 38, R 39, R 178, R 187* und *R 188* ins Mittelmeer.

Die Verlegung der Boote ins Mittelmeer ist ebenfalls bei Reinhart Ostertag beschrieben. »Da ihre Boote zum größeren R-Boot-Typ ab *R25* gehörten, konnten sie die Rhein-Rhone-Kanalschleusen nicht passieren. Sie wurden, und nach ihnen noch viele andere Fahrzeuge, von Auxerre bis Chalon sur Saone in 1½ Tagen über Land transportiert, ähnlich wie die 3. Räumbootsflottille auf dem Weg ins Schwarze Meer. Hier waren aber mehrere hundert Meter Höhenunterschied zu überwinden, und das auf gewundenen Straßen. Alle Boote blieben unbeschädigt, auch alle, die später diesen Weg nahmen – ein organisatorisches und technisches Meisterstück.«[28)]

R 29 *in der Ostsee. I.D.: 26.06.1938. Das Boot ging am 15.09.1944 im Finnischen Meerbusen durch Torpedotreffer verloren.*

Weitere Boote wurden dorthin verlegt: *R 161, R 162, R 189, R 192, R 198–201, R 212* und *R 215*. Insgesamt wurden 83 Einheiten gebaut. 61 gingen durch Kriegseinwirkungen verloren.

Räumboot R 24. *(Foto: Sammlung Karr)*

Räumboote auf dem Marsch. (Foto: Bundesarchiv, Bild 101II-MW-1562-23 / Feitel, Dr. / CC-BY-SA 3.0)

Räumboote der Kriegsmarine. (Foto: US Navy)

Ehemalige deutsche Räumboote im Jahr 1948 unter niederländischer Flagge. (Foto: Nationaal Archief)

Räumboote in Bremerhaven Ende der 1940er Jahre als Einheiten der amerikanischen Labor Service Unit (B). (Foto: Krummel)

R-Boote (110-t-Boote) bei einer Exerzier-Übung in See mit der 2,0-cm-Flak. Die Waffen sind noch ohne Splitterschutz. Die Fotoaufnahme stammt somit aus der Vorkriegszeit. (Foto: Postkarte)

R-Boote – Aldebaran-Klasse

Die Bezeichnung »Aldebaran-Klasse« geht zurück auf die Namensgebung des ersten von neun Booten, die 1956 von der Bundesmarine in Dienst gestellt wurden. Die KM hat den R-Booten keine Namen verliehen. Somit ist die Klassifizierung verwirrend. Es geht um die 125-t-Boote des Amtsentwurfes 1939, welche die Bordnummern *R 41* bis *R 129* erhielten. Die weiteren übernommenen 17 Boote (150-t-Boote) bildeten die »Capella-Klasse«. Und alle insgesamt übernommenen 26 R-Boote bei der Bundesmarine laufen unter der Bezeichnung »Wega-Klasse«.

Die insgesamt von 1940 bis 1943 gebauten 89 Boote wurden vorwiegend von A&R gefertigt. Nur drei Boote entstanden auf der Schlichting-Werft in Travemünde.

Die Bewaffnung bestand aus zwei bis sechs 2-cm-Flak, *R 108* sowie die Einheiten *R 112* bis *R 129* erhielten eine 3,7-cm-Flak.

Die Boote *R 69, R 73* und *R 76* wurden ab März 1944 mit dem neuen 8,6-cm-Raketenabschussgerät M42 »Föhn« zur Bekämpfung von Tieffliegern ausgerüstet. Dieses Gerät verschoss 85 Kleinstraketen in Salve, die nach einer bestimmten Flugdauer detonierten. Die damit entstandene Splitterwolke sollte Tiefflieger von weiteren Angriffen abhalten bzw. sie vernichten. Andere installierte Abschussgeräte schossen Raketen mit einem Drahtseil in die Luft. Das Seil war an einem Fallschirm befestigt und konnte gegnerische Jagdflugzeuge zum Absturz bringen. Berichte über Einsatzerfolge sind nicht bekannt. Bekannt ist, dass für den Einsatz wenig Munition zur Verfügung stand und viele Versager die Wirksamkeit stark einschränkten.

50 Boote gingen im Verlaufe des Krieges verloren. Nach der Kapitulation gingen 20 Boote als Beute an die USA, fünf an GB, 12 an die UdSSR und ein Boot verblieb in Norwegen.

Die USA gaben 1956 neun Boote an die im Aufbau befindliche Bundesmarine zurück. Diese Boote entstammten dem Deutschen Minenräumdienst und anderen Nachkriegs-Seeverbänden. Acht R-Boote bildeten das 3. MSG in Wilhelmshaven. Das neunte Fahrzeug, die ex *R 101*, ging an die Marineunterwasserwaffenschule als Schulboot *UW 4*. Von 1959 bis 1963 wurden alle ehemaligen R-Boot außer Dienst gestellt.

Drei Räumboote der ALDEBARAN-Klasse im Päckchen liegend. Im Hintergrund passiert das Küstenminensuchboot GÖTTINGEN. (Foto: Sammlung Karr)

Das 3. Minensuchgeschwader 1957 in Wilhelmshaven. (Foto: Postkarte)

Das Räumboot WEGA der Bundesmarine auf der Kieler Förde unterwegs. (Foto: Sammlung Karr)

Das Räumboot ALGOL fuhr als R 99 *bei der Kriegsmarine und war nach Kriegsende bis 1956 als* USN 148 *bei der amerikanischen Labor Service Unit (B) eingesetzt. (Foto: Biwald)*

R-Boote – Capella-Klasse

Auch hier geht, wie bereits erwähnt, die Bezeichnung Capella-Klasse auf das erste von 17 R-Booten (150-t-Boote) welche im 1. Minensuchgeschwader 1956 in Dienst gestellt wurden, zurück. Die Boote der Aldebaran- und der Capella-Klasse sind nach ihren äußeren Merkmalen nur sehr schwer zu unterscheiden. Die Capella-Boote sind 4 Meter länger und 25 t schwerer.

Insgesamt wurden 101 Boote mit 150 t Verdrängung gebaut. 45 bei A&R und 56 bei Burmester. Die Bewaffnung war sehr unterschiedlich. Eine 3,7-cm-Flak war generell vorhanden. 2-cm-Flaks wurden je 2 bis 6 Rohre montiert. Interessant ist wiederum die Installation von je zwei Raketenabschussgeräten »Föhn«[17], die für die Boote *R 401* bis *430* vorgesehen waren, aber nicht durchgängig umgesetzt werden konnten. Hinzu kam, dass die Boote *R 425* bis *430* bis Kriegsende nicht fertiggestellt worden sind. Von den 101 zum Einsatz gebrachten Booten gingen in der Schlussphase des Kriegs in Europa 26 verloren. Mit Kriegsende gingen an die USA und die UdSSR je 28, die Niederlande erhielten 10 und Dänemark 9 Boote.

1956 gab die USA an die gerade gebildete Bundesmarine 17 R-Boote zurück: *R 132* bis *138*, *R 140, R 142, R 144, R 146* und *R 147*. Diese 12 Boote bildeten das 1. MSG in Wilhelmshaven. Weitere fünf Boote, *R 150, R 266, R 406* bis *408*, wurden als Schulboote verwendet. Alle Boote (auch die der Aldebaran-Klasse) erhielten Namen von Sternenbildern.

Die aufgestellten Minensuchgeschwader 1 und 3 waren die ersten einsatzbereiten Verbände der BM und waren der NATO angepasst. Die beiden Geschwader räumten bis 1960 die Seegebiete um Fehmarn, den Öresund und den Großen und Kleinen Belt minenfrei.

Bis 1963 gingen alle Boote außer Dienst.

Bereits 1950 hat die DDR sechs R-Boote aus dem Beutebestand der UdSSR zurückgekauft. Es wird immer wieder geschrieben, der Ankauf erfolgte durch die Seepolizei oder den VP-See. Am 29.05.1950 erfolgte die Übergabe und Indienststellung an die DDR in Parow. Die Gründung der Seepolizei war inoffiziell aber erst am 16.06.1950. Die Boote gingen mit der Übergabe an die DDR an die seit Ende Februar 1950 bestehende Hauptverwaltung z.b.V. (See) im Bereich der Hauptverwaltung Ausbildung (HVA) über, die seit 12.10.1949 bestand.

Es handelte sich um die 150-t-R-Boote (Capella-Klasse): *R 254, R 257, R 258, R 270, R 421* und *R 423*. Sie erhielten die Bordnummern *511 –516*. Die DDR Bezeichnung »511-Klasse« ist dem ersten DDR-Boot entliehen und die Bezeichnung »Typ R-218« entstammte der Baunummer 2801 bei Burmester, das erste Boot dieser Serie, welches im Juli 1943 in Dienst ging. *R 254 (511)* wurde bei der KM im September 1944 in Dienst gestellt.

Die gesamte Ausrüstung befand sich in einem bedrückend schlechten Zustand, einschließlich der an Bord befindlichen originalen Räumgeräte. Ihre Überholung und Instandsetzung erfolgte 1951 bis 1952 in der Peene-Werft-Wolgast. Ihre Eingliederung erfolgte in die neu gebildete R- und KS-Division. In den praktischen Truppeneinsatz kamen sie erst ab September 1952, nach erfolgter Auf- und Ausrüstung. Dabei wurden immer vier Boote eingesetzt, während zwei in Reserve gehalten wurden. Die Boote räumten in den vier Monaten ihres Einsatzes einen Zwangsweg östlich von Rügen von 15 sm Länge und 0,54 sm Breite von Fernzündungs- und Kontaktminen frei. Der Einsatz endete am 15. Januar 1953. Der Verschleißzustand war danach so hoch, dass sie für operative Einsätze nicht mehr geeignet waren. Im November 1953 wurden sie nach Parow verlegt und nur noch als Schulboote verwendet.

Die Wiederbewaffnung der Boote begann bereits 1951 während der Werftliegezeit. Als Geschütze wurden deutsche 2-cm-Flak 38 in Zwillings- und Einzellafetten sowie 2-cm-Oerlikon-Waffen eingesetzt.

1956 begann die Außerdienststellung und Verschrottung. Ein Boot (Bord-Nr.: *511*) wurde 1957 mit Giftgasgranaten aus dem Zweiten Weltkrieg beladen und auf Befehl des Chefs der Seestreitkräfte im Adlergrund (ca. 35 sm nordwestlich von Arkona mit Wassertiefen von 7 bis 35 m) versenkt. Das Boot *516* ging im Dezember 1956 als Schulboot an die GST und erhielt den Namen FREUNDSCHAFT. Der Abbruch erfolgte 1959.

M 1051 – CASTOR. Am 07.04.1944 bei der KM als R 138 in Dienst. An die BM am 19.06.1956 beim 1. MSG. 23.02.1962 a.D. Weiterverwendung als Wohnboot bis 1969. An Marine-Jugend und Rückgabe an BM im November 1976. Im Juni 1978 gezielt abgebrannt. (Foto: Sammlung Karr)

Zwei R-Boote der Volkspolizei-See, etwa 1952/53: 514 - i.D.: 29.05.1950. Bei der KM als R 270 im Februar 1945 noch in Dienst gestellt. 1945 an UdSSR. Übergabe an die DDR am 29.05.1950. 516 - i.D.: gleiche Daten. KM: R 423 nicht mehr in Dienst gestellt. 1945 an UdSSR. Übergabe an die DDR 1950. Alle sechs ehemaligen 150 t R-Boote wurden 1956 außer Dienst gestellt.

Geleit-R-Boote

1943 bis 1944 wurden auf der A&R-Werft zwölf sogenannte Geleit-Räumboote gebaut. Vorgesehen waren in der ersten Serie 20 Boote zu fertigen. Aber bereits 1943 wurde auf die Fertigstellung von R 313 bis R 320 verzichtet. Die notwendigen materiellen und finanziellen Mittel wurden immer mehr Opfer des totalen Kriegs. Die geplanten GR 301 bis 320 bilden eine Besonderheit, waren sie doch neben der üblichen Waffenrüstung von einer 3,7-cm-Flak und drei bis sieben 2-cm-Flak auch mit Torpedorohren für 53,3-cm-Torpedos ausgerüstet. Für die Erfüllung von Geleitaufgaben war die Bewaffnung allerdings zu schwach. Wohl auch ein Grund, weshalb der Weiterbau gestoppt wurde.

R-Boote – Schwalbe-Klasse

Dieses Räumboot, auch als Räumpinasse bezeichnet, wurde in einer großen Stückzahl von insgesamt 48 Einheiten in den Jahren von 1953 bis 1958 gebaut. Sie trugen Namen von Kreisstädten der DDR. Die ersten sechs Boote der 1. BA und die der 2. BA gingen ohne Bewaffnung an den Seehydrographischen Dienst. Der Unterschied zwischen den beiden Bauausführungen bestand in der Erhöhung des Normaldeplacements von 57,3 t auf 63,3 t.
Ab der Bau-Nr.: 13/7 (also ab dem 13. Boot der Serie insgesamt) begann der Bau als Räumboot, als 2. BA. Anfänglich mit einem 12,7-mm-Zwilling-MG auf dem Vorschiff, welches ab dem 19. Boot für alle Fahrzeuge gegen eine 2,5-cm-Doppellafette 2-M-3 ausgewechselt wurde.
Die 3. BA (ab dem 31. Boot der Gesamtserie) erhielt eine stärkere Antriebsanlage, einen Dreibeinmast, eine geschlossene Brücke sowie eine modernisierte Räumwinde.
Nach Jahren erfolgreicher Erfüllung von Räumaufgaben im Küstenvorfeld der DDR wurden einige der Boote umgebaut und anderen Zwecken zugeführt; vier »Schwalben« als Torpedofangboote und acht Boote gingen, nach zusätzlicher Installation einer 2,5-cm-Doppellafette auf dem Achterdeck, an die 6. Grenzbrigade-Küste. Zwei Schwalben wurden 1966 an Tansania/Sambia verkauft. Das Boot mit der Bau-Nr. 44/36 sank am 30.09.1962 nach einer Kollision mit dem britischen Frachter ABBORDSFORD vor Warnemünde. Alle Besatzungsmitglieder konnten gerettet werden.
Einige Boote wurden in der 1. Flottille (Peenemünde) langzeitkonserviert und noch zur Ausbildung von Reservisten genutzt. 1981 wurden alle restlichen R-Boote außer Dienst gestellt.

7-31 – *AUE (?), i.D.: 01.06.1955 (?). Auslaufend zum Räumeinsatz. (Foto: Postkarte)*

Minenräumboote (R-Boote)							
Schiffstyp	**60-t-Boote**	**115-t-Boote**	**110-t-Boote**	**125 t Aldebaran-Klasse**	**150 t Capella-Klasse**	**175 t Geleit-R-Boote**	**Schwalbe-Klasse**
Bordnummern	R1–16	R17–24	R25–40, R151–217	R41–129	R130–150, R218–290, R401–424	R301–312	Ständiger Wechsel *
Indienststellungen	1932–1934	1934–1938	1938–1943	1940–1943, 1956	1943–1945, 1956	1943–1944	1953–1958
Außerdienststellungen	1940–1945	1940–1945	1941–1945	1941–1948, 1959–1963	1944–1948, 1959–1963	1944–1945	1964–1981
Deplacement	47 t	115 t	110 t	125 t	150/140 t	175 t	83 t
Deplacement max.	60 t	120 t	123 t	135 t	150/155 t	184 t	?
Länge über alles	24–27,8 m	36–37 m	35 m	37–38 m	37–41 m	41 m	28,7 m
Breite über alles	4,4 m	5,4–5,7 m	5,5 m	5,8 m	5,7–5,8 m	6 m	4,5 m
Tiefgang	1,1–1,5 m	1,3 m	1,5 m	1,5 m	1,6 m	1,8 m	1,1 m
Maschinenanlage	2 / 6-Zyl. DM	2 / 8-Zyl. DM	2 / 6-Zyl. DM	2 / 8-Zyl. DM	2/6-8-Zyl. DM	3 / 6-Zyl. DM	2 / 6-Zyl. DM
Gesamtleistung	566 kW	1324 kW	1324 kW	1324 kW	1324-1839 kW	2758 kW	570 kW
Höchstgeschwindigkeit	16–20 kn	21–23 kn	24 kn	20 kn	19–25 kn	25 kn	12,5 kn
Fahrbereich in sm	800 bei 16 kn	900 bei 15 kn	1100 bei 15 kn	900 bei 15 kn	1000 bei 15 kn	715 bei 20 kn	500
Bewaffnung	1-4x2 cm Flak	2x2 cm Flak	2x2 cm, später + 1x3,7 cm Flak	2-6x2 cm Flak, RAg-8,6 cm	1x3,7 cm, 3-6x2 cm Flak, 2x RAg-8,6 cm**	1x3,7 cm, 3-6x2 cm Flak, 2x RAg-8,6 cm**, 2xTR 53,3	2x1,27 cm oder 2x2,5 cm
Minen	10	12	10	?	bis 12	16	_-
Besatzung	15–18	21–27	20–31	30–38	29–41	38–42	13

* Bei Indienststellung: *321–326, 341–345, 361, 363–365, 411–416, 421–426, 431–436, (422 = 2X), 441–446, 451–456.*

** RAg-8,6-cm – Raketenabschussgerät »Föhn«17) u.a. auf: *R 69, R 73, R 76* und *R 431* (geplant).

Flussräumboote

Die 1938/39 bei Lürssen gebauten 12 Boote *FR 1* bis *FR 12* waren für den Einsatz auf der Donau vorgesehen. Die Überführung erfolgte auf dem Weg: Weser – Mittellandkanal – Rhein – Main – Ludwigskanal – Altmühl – Donau bei Kehlheim. Ihre Stationierung erfolgte in Linz.
Mit *FR 1* wurden von Linz aus gründliche Untersuchungen und Tests durchgeführt. Während dieser Erprobung kenterte das Boot auf Grund seines ungünstigen Fahrverhaltens in engen und flachen Gewässern. Daraufhin wurde ein Umbau in Linz vorgenommen. Es wurde um 2 Meter verlängert, gleichzeitig mit *FR 6*. Dieser Umbau erwies sich als äußerst vorteilhaft; nicht nur auf das stabilere Verhalten der Boote, sondern auch auf das nunmehr größere Achterdeck zur besseren Bedienung der vorhandenen Räumtechnik. Alle Boote wurden entsprechend umgebaut bzw. ab *FR 7* gleich in der verlängerten Variante gebaut.
Als Bewaffnung diente ein MG-Turm mit einem 1,3-cm-Flugzeug-MG.
Über wirkungsvolle Einsätze der Flussräumboote ist nicht viel bekannt. Auf dem Vormarsch im September und Oktober 1941 gingen die Boote *FR 5* und *6* sowie *FR 12* durch Minentreffer verloren. *FR 5* konnte gehoben und repariert werden und wurde wieder in Dienst gestellt. Bei Räumeinsätzen im Schwarzen Meer konnten 70 sowjetische Minen geräumt werden. Mit dem Einflug britischer und amerikanischer Bomberverbände in den Balkanraum wurden auch Minensperren in die Donau abgeworfen und der Einsatz der kleinen Flottille verlangt. Im Oktober, auf dem Rückzug, wurden *FR 2* und *FR 11* durch sowjetische Truppen überflügelt und abgeschnitten. *FR 2* hat sich selbst versenkt, *FR 11* wurde von sowjetischem Panzerbeschuss vernichtet. *FR 5* und *FR 8* haben sich ebenfalls selbst versenkt.
Die übrig gebliebenen sechs Boote gingen als Beute an die USA und wurden später zivil verwendet. *FR 4* überlebte bis 1968, zuletzt als Motorschlepper BRENZ beim Bayrischen Lloyd [29)].
1938/39 wurden noch weitere Mittlere Räumboote geplant und Versuchsboote gebaut. So z.B. MR 1–9 (vier Boote gebaut – gingen dann als Schulboote an die Sperrschule Kiel) und KR 1–3 (Kleine Räumboote/Barkassen). 1938 zur Erprobung an Sperr-Versuchs-Kommando. Wurden nicht weiter gebaut.

Ein Flussräumboot auf dem Ludwigskanal (?). Schnellboot? 1940/41. (Foto: Autor unbekannt - Wikipedia gemeinfrei)

Binnenminensuchboote

Ihr Einsatz erfolgte vordringlich im Küstenvorfeld, in Flussdeltas und Hafenzufahrten. Sie können und werden auch sehr oft als Wachboote eingesetzt. Es sind im gewissen Sinne Mehrzweck-Boote, welche ein breites Potential zum Ändern der taktischen Aufgabenstellung haben.

NIOBE und HANSA (ex 361, 360)

Die beiden Boote bildeten eine gewisse Ausnahme, waren sie doch von vornherein dazu ausersehen, die Vorläufer eines geplanten Küstenwachbootes zu sein, welches auch gleichzeitig zum Minenräumen ausgerüstet sein sollte. Gebaut wurden sie auf der Krögerwerft (KW 1 und KW 2). Ihr Einsatz war für küstennahe Gewässer gedacht. Auf dieser Grundlage entstanden später die Ariadne- und Frauenlob-Klassen. Die Boote wurden deshalb schon sehr früh anderen Verwendungen zugeführt:

NIOBE:

- Indienststellung: 29.04.1958 beim 3. Hafenschutzgeschwader.
- 1959: Kennung W 21 – 3. Küstenwachgeschwader.
- 01.01.1962: 2. Küstenwachgeschwader – Cuxhaven.
- Januar bis April 1964: Umbau bei der Beckmannwerft in Cuxhaven.
- 01.04.1964: Marinesperrwaffenversuchsstelle – Kiel/truppendiensttauglich, aber weiter 2. Küstenwachgeschwader.
- 01.01.1968: Kennung *M 2661.*
- 01.09.1968: Unterstellung beim Kommando der Truppenversuche der Marine – Eckernförde.
- 04.11.1968 bis 14.02.1969: Umbau bei Krögerwerft, Rendsburg.
- 14.12.1669: Außerdienststellung und nochmaliger Umbau zum Lenkboot zur Erprobung des Minenabwehrsystems Troika.
- 30.05.1970: Umklassifizierung zum Hilfsschiff.
- 01.08.1970: Zweite Indienststellung – Erprobungsstelle 71, Kennung *Y 1643*/Klasse 740.
- 01.04.1971: Zur Reserveflottille/10. Minensuchgeschwader.
- 01.10.1973: Wieder truppendiensttauglich zum 3. Minensuchgeschwader.
- 01.09.1976: Außer Dienst.
- 06.12.1977: Verkauf an J.v.d. Veldt, Amsterdam.

HANSA:

Ihr Weg verlief ähnlich:

- Indienststellung am 23.07.
- 1958, Kennungen: *W 22, M 2662, Y 806, M 1052.*
- Küstenwachboot, Binnenminensuchboot, Minentaucherboot, Minentauchboot.
- 3. Hafenschutzgeschwader, 3 Küstenwachgeschwader, 10. Minensuchgeschwader, Minentaucherkompanie.
- 17.01.1992 außer Dienst und am 24.01.1994 verkauft nach Aschaffenburg.

Beide Boote waren äußerlich ähnlich. Ihr Hauptunterschied lag in der Antriebsanlage (siehe Tabelle).

W 21 – *NIOBE, i.D.: 29.04.1958. Hier bereits nach Umbau ohne 4,0-cm-Flak bei der Marinesperrwaffenversuchsstelle, festgemacht an der Bb-Seite von M 1093 – NEPTUN (Schnelles Minensuchboot der Schütze-Klasse –, etwa 1964/67. Außer Dienst: 01.09.1976. (Foto: narod.ru)*

Minentaucherboot HANSA. (Fotos: Hans Karr)

Küstenwachboot NIOBE. (Foto: Sammlung Karr)

W 22 – *HANSA, i.D.: 23.07.1958. Erstes Aussehen, noch ohne Flak. Hinter der Brücke ist eine abgedeckte Kabeltrommel zu erkennen.*

Y 806 – *Die HANSA im Einsatz als Taucherschulboot bei der Minentaucherkompanie, nach 1970. Außer Dienst: 17.01.1992. (Foto: narod.ru)*

Ariadne-Klasse (393)

Von 1960 bis 1963 liefen bei der Krögerwerft in Rendsburg acht Boote der Klasse 393 (*KW 3* bis *KW 10*) vom Stapel. Neben der bereits vorhandenen Räumausrüstung wurden die Boote mit der 4,0-cm-Flak L/70 bestückt. Sie erhielten Traditionsnamen früherer deutscher Kriegs- und Hilfsschiffe.
Die Boote fuhren anfangs mit offener Brücke, die erst Mitte der 1970er Jahre überdacht worden ist. Ihre Indienststellung erfolgte als Wachboote mit W-Kennungen beim 2. Küstenwachgeschwader in Cuxhaven. Das Geschwader wurde am 01. Januar 1966 in 10. Minensuchgeschwader umstrukturiert. Die Boote erhielten zu diesem Zeitpunkt ihre neue Typisierung. Sie wurden zu Binnenminensuchbooten (Klasse 393) umklassifiziert und erhielten M-Kennungen. Die ersten sechs Boote *M 2663* bis *M 2668* gingen im April und Juli 1968 außer Dienst und in die Mob. Reserve. Sie erhielten auf dem Papier Y-Kennungen, die in der Praxis allerdings nie geführt worden sind (außer *KW 10* mit *Y 1651*). Die restlichen zwei Boote *M 2669* und *M 2670* folgten im Februar 1969.
Vom 12. November 1973 bis zum 25. April 1974 wurden alle acht Fahrzeuge reaktiviert und dem 3. Minensuchgeschwader zugeordnet. Sie erhielten neue M-Kennungen (*M 2650* bis *M 2657*), die den Kennungen der folgenden Frauenlob-Klasse direkt vorausgingen. 1991/92 wurden alle Boote außer Dienst gestellt.

M 2651 – *FREYA. I.D.: 06.01.1962. Das Boot führte folgende Kennungen:* W 24, M 2664 *und* Y 1645. *Hier mit der letzten Kennung nach der Reaktivierung vom 25.04.1974. Außer Dienst: 07.05.1992.*

W 27 – *NYMPHE. I.D.: 08.05.1963. Noch als Wachboot beim 2. KWG. Weitere Kennungen als Binnenminensuchboot waren:* M 2667, Y 1648 *und* M 2654. *Außer Dienst: 18.06.1992. (Foto: narod.ru)*

Binnenminensuchboot NYMPHE. (Foto: Sammlung Karr)

Frauenlob-Klasse (394)

Die zehn Boote der Frauenlob-Klasse wurden ebenfalls bei der Krögerwerft in den Jahren 1964 bis 1969 gebaut (*KW 11* bis *KW 20*). Die ersten acht Boote wurden 1966/1968 bei der Bundesmarine als Küstenwachboote der Klasse 362 in Dienst gestellt und ab Januar 1968 zum Binnenminensuchboot (Klasse 394A) mit der Kennung »M« umklassifiziert. Die restlichen zwei Boote folgten 1968/69 (Klasse 394B). *W 31* und *W 32* dienten zuerst im 5. MSG und wurden mit Bildung des 7. MSG (01.01.1967) diesem unterstellt. Alle anderen gingen mit ihrer Indienststellung sofort in das 7. MSG.
So wie die Boote der Ariadne-Klasse wechselten die Boote der Frauenlob-Klasse mehrfach ihre Kennung, bedingt durch die unterschiedlichen Aufgaben. Anfang 1969 wurden die Ariadne-Boote in die Reserveflottille versetzt, erhielten eine Y-Kennung und wurden einkonserviert. Zum gleichen Zeitpunkt erhielten die Boote der Frauenlob-Klasse ebenfalls Y-Kennungen und wurden zu Hafenschutzbooten umfunktioniert. 1973, mit der beginnenden Reaktivierung der Ariadne-Klasse, erhielten sie wieder ihre M-Kennung, welche an die Kennung der Ariadne-Boote anschloss. Auch diese Boote erhielten Traditionsnamen früherer deutscher Schiffe.
Vier Boote gingen an Estland. Eins an die Marinetechnikschule in Parow und eines als Museumsschiff nach Dresden.

W 32 – *NAUTILUS. Hier mit der Kennung von der Indienststellung (1966). Weitere Kennungen:* M 2672; Y 1653; M 2659. *Nach einer Kollision 1993 mit dem russischen Trawler TURKYAN wurde das Boot vorzeitig 1994 außer Dienst gestellt. (Foto: narod.ru)*

Der Traditionsname FRAUENLOB hat eine interessante historische Geschichte: Von 1848 bis 1851 blockierte die dänische Marine die deutsche Küste. Der Ruf nach einer deutschen Flotte wurde in Deutschland immer stärker. Vor diesem Hintergrund bildet sich 1848 der »Berlin-Potsdamer Frauen-Verein zur Erwerbung eines Kriegsschiffes«. Sie forderten zu Spenden für den Aufbau der Marine und für die unter der dänischen Blockade leidende Küstenbevölkerung auf. 1850 wiederholten sie ihren Aufruf. 13.000 Taler (etwa 65.000 EUR) kamen zusammen. Die Stadt Wolgast und das »Komitee zur Erbauung vaterländischer Kriegsschiffe« stockten den Betrag auf. Das preußische Kriegsministerium entschied den Bau eines Schoners, der den Namen FRAUENGABE erhalten sollte, und legte die Fehlsumme drauf.
1851 wurde der Schoner in Wolgast auf Kiel gelegt und konnte, nach Überwindung bautechnischer Schwierigkeiten, erst am 24.08.1855 vom Stapel gelassen werden. Auf Wunsch von Friedrich Wilhelm IV. wurde der Name noch vor der Indienststellung in FRAUENLOB geändert. Damit wurde der Verdienst der Frauen gewürdigt. Der Schoner gehörte der preußischen Expedition 1860 nach Ostasien an. Am 02.09.1890 geriet das Schiff vor der japanischen Stadt Yokohama in einen Taifun und sank. 56 Besatzungsmitglieder fanden den Tod.
Weitere Namensträger waren:

- Der Kleine Kreuzer FRAUENLOB von 1903, der während der Skagerrakschlacht versenkt wurde.
- Der 1918 auf Kiel gelegte Kleine Kreuzer FRAUENLOB, welcher nicht fertiggestellt und 1921 abgewrackt wurde.
- Das Minensuchboot (1916er) – Baujahr 1919, in *M 134* umbenannt (1939), ging 1943 im Ärmelkanal verloren.
- Auch im zivilen Bereich wurde der Name an ein Binnenfrachtschiff und ein Fahrgastschiff 1930 vergeben.

Binnenminensuchboot GEFION. (Foto: Sammlung Karr)

Dieses, von einem Schiff der Volksmarine der DDR Anfang der 1980er Jahre gemachte Foto, zeigt die Freiwache auf dem Achterdeck von M 2660 *- GEFION. Unter der Kennung* W 33 *wurde es am 17.02.1967 beim 7. MSG in Dienst gestellt. Außerdienststellung: 2002.*

Flussräumboote / Binnenminensuchboote					
Schiffstyp	**Flussräum-boote**	**Ex Wachboote**		**Ariadne-Klasse**	**Frauenlob-Klasse**
		NIOBE	**HANSA**		
Bordnummern	FR 1–12	W 21, M2661, Y 1643	W 22, M 2662, Y806, M 1052	wechselnd*	wechselnd**
Indienststellung	1938/39	1958	1958	1961–1963	1966–1969
Außerdienststellung	1945/68	1976	1992	1991–1992	1995–2002
Deplacement	27 t	169 t	155 t	199/205 t	238 t
Deplacement max.	---	171 t	175 t	252 t	246,5 t
Länge über alles	15,4/17,4 m	33,7/35 m	34/35 m	38 m	38 m
Breite über alles	3,3 m	6,8 m	6,6 m	8 m	8 m
Tiefgang	0,85 m	1,70 m	1,9 m	2,1 m	2,1 m
Maschinenanlage	2 /6-Zyl. DM	2 /12-Zyl. DM	1 /12-Zyl. DM	2 /12-Zyl. DM	2 /12-Zyl. DM
Gesamtleistung	221 kW	1081 kW	541 kW	1325 kW	1325 kW
Höchstgeschwindigkeit	13 kn	23,9–16 kn	12–14 kn	16 kn	14 kn
Fahrbereich in sm	---	800 sm bei 12 kn	1500 sm bei 12 kn	830 sm bei 12 kn	990 sm bei 12 kn
Bewaffnung	1939: 1x20 mm, 1943: 1x13 mm, 1x15 mm	1x40-mm-Flak	1x40-mm-Flak	1x40-mm-Flak	1x40-mm-Flak
Minen	---	---	---	möglich	möglich
Besatzung	---	20	20	24	24

** W 23–W 30; M 2663–M 2670; Y 1644–Y 1651; M 2650–M 2657.*
*** W 31–W 37; M 2671–M 2680; Y 1652–Y 1661; M 2658–M 2667.*

Als KALEV fand das Binnenminensuchboot MINERVA noch einige Jahre Verwendung bei der estnischen Marine. Heute ist das Boot als Museumsschiff an Land aufgestellt. (Foto: Pudelek / CC-BY-SA 3.0)

Minenräumung aus der Luft

Wie bereits erwähnt, wurden im Ersten Weltkrieg Luftschiffe zur Aufklärung von Minensperren eingesetzt. Die Kaiserliche Marine besaß 76 Luftschiffe, die überwiegend in Nordholz stationiert waren. Neben der Aufklärung versuchten sie gegnerische Minenleger schon beim Legen der Sperren aufzuspüren. So ist nachgewiesen, dass am 17. Mai 1915 der Kleine Kreuzer DANZIG an einer bereits aufgeklärten Minensperre einen Treffer erhielt. Ein Luftschiff klärte auf und entdeckte eine 13 sm lange, bisher unbemerkte Sperre. So wurde auch durch einen Marine-Zeppelin im September 1915 eine weitere Minensperre nordwestlich von Norderney entdeckt und vermessen.[30)]

Von Nordholz aus suchten die Luftschiffe der Marine regelmäßig ihr Operationsgebiet ab. So berichtete der Obermaschinistenmaat, Pitt Klein, über eine Aufklärungsfahrt des Luftschiffes L 9 (Z 36) im Jahr 1915:

»Der Aufklärungs- und Minensuchdienst lässt uns nicht zur Ruhe kommen. Ganze Tage und halbe Nächte hindurch jagen wir bei diesigem und kaltem Wetter, oft bei Regen- und Hagelschauer, in Stürmen und Gewittern, kreuz und quer über der Nordsee. Wir versehen die Fahrzeuge des Minensuch- und Vorpostendienstes mit Standortmeldungen und Neuigkeiten. Die Nordsee ist mit englischen und deutschen Minensperren verseucht. Gefährlich sind auch die Treibminen. Sturm und hoher Wellengang reißen sie aus der Verankerung und machen sie zu einer großen Gefahr für alle Fahrzeuge. Wir kennen natürlich die deutschen Minensperren; die des Feindes müssen aufgesucht und dann unschädlich gemacht werden.

Treibminen bringen wir durch Maschinengewehrfeuer zum Zerknallen. Gewöhnlich fliegen wir einer Minensuchflottille voraus und kennzeichnen die feindlichen Minensperren durch Abwerfen von Fahrwasserbojen, Bojen mit Stangen und Fähnchen, sodass die Minensuchboote die Sperren mit Hilfe des Suchgerätes vernichten können. Bei sichtigem Wetter ist es für uns ein leichtes, die Sperren festzustellen. Wir lassen dann das Luftschiff sinken und können von geringer Höhe die wie Riesenperlen aneinanderhängenden Unterwasserungeheuer deutlich erkennen.«[31)]

Marineluftschiff L 9 (Z 36) *wird am 08.03.1915 in Dienst gestellt. Während seines Einsatzes führt es 74 Aufklärungsfahrten über der Nordsee, vier Angriffe auf England (Abwurf von 5683 kg Bomben) und mehrere Angriffe auf britische Boote durch. Am 06.09.1916 verbrennt es zusammen mit L 6 in seiner Halle in Hamburg-Fuhlsbüttel.*

Die Schlussfolgerung aus den Aufklärungsflügen lag auf der Hand: nicht nur aufklären, sondern auch aus der Luft unschädlich machen. Würde doch damit ein unmittelbarer Kontakt beim Räumen vermieden werden und die Gefahr für Mensch und Technik auf ein niedriges Niveau sinken. Es galt also zu überlegen, wie kann ein Minenfeld durch die Luft unschädlich gemacht werden. Im Ersten Weltkrieg gab es dazu noch keine Lösung.

Noch ein notwendiger Exkurs:
Während des Ersten Weltkrieges wurden Minen ausschließlich von Schiffen oder auch von U-Booten verlegt. Minen, die mit einem Ankertau am Meeresboden verankert waren. Gezündet wurden diese, wenn ein Schiff Kontakt zum Minenkörper bekam.
Die Engländer sorgten sich um die deutschen U-Boote und entwickelten eine Mine, die nach der Berührung des Ankertaus zur Zündung kam. Ein Großteil dieser Minen detonierte aber vorzeitig. Grund: die Gezeitenbewegung und die empfindliche Zündereinstellung. Nach dem Ersten Weltkrieg wurde nach dem Räumen der Minenfelder festgestellt, dass nur noch 43 Prozent der im tieferen Wasser und nur noch 28 Prozent der im flachen Wasser verlegten Minen vorhanden waren. Über die Hälfte waren zu früh detoniert oder von der Meeresströmung fortgerissen worden.
Deutschland und Großbritannien entwickelten in der Konsequenz Magnetminen, die auch durch Abwurf aus der Luft verlegt werden konnten. Grundminen, die auf dem Meeresgrund liegen blieben und erst dann explodierten, wenn ein drüberfahrendes Schiff durch Veränderung des Erdmagnetfeldes die Zündung der Mine auslöste. Zur Räumung solcher auf dem Magnetfeld beruhender Grundminen wurden von beiden Seiten neben den genannten Seefahrzeugen auch Flugzeuge eingesetzt.

Es begann 1940: Anfang des Jahres 1940 konnte eine britische Mine unbeschädigt geborgen und zum Sperrversuchskommando der KM nach Kiel gebracht werden. Die Untersuchung ergab, dass die Detonation durch eine Induktionszündung ausgelöst wurde. Daraufhin schlug Dr. Theodor Benecke (Reichsluftfahrtministerium) vor, zur Räumung solcher Minen von einem Flugzeug aus ein entsprechend starkes Magnetfeld zu erzeugen.
In Zusammenarbeit mit der Technischen Universität München (Physikprofessor Gerlach) wurde ein Aluminiumring von 15 Meter im Durchmesser entwickelt, der an einem Flugzeug befestigt werden sollte und ein Magnetfeld erzeugte. Zur Erprobung wurden verschiedene Flugzeug-Typen herangezogen.

Blohm & Voss BV 138/MS

Der Prototyp, dem einige missglückte Starts und konstruktive Verbesserungen vorausgingen, hob am 23. Juli 1937 von der Unterelbe ab. Weitere Verzögerungen führten dazu, dass das erste Flugzeug der Vorserie BV 180 A-01 erst am 11.07.1939 starten konnte. Nach weiteren drei Maschinen der Vorserie begann die Serienfertigung im Januar 1940. Es folgten verschiedene Serien (A-1, B-1 und C-1), die 1943 ausliefen. Insgesamt wurden in den verschiedensten Modifikationen 297 Seefernaufklärer produziert. Einige wenige BV 138 wurden mit dem Magnetring ausgerüstet. Sie konnten aber nicht überzeugen, verblieben dennoch in der »Mausi-Staffel«.

Ansichten der BV 138/MS.

Minensucher aus der Luft bei der Erprobung über See. (Foto: Werksfoto. Aus Typenkompass »Blohm & Voss«, Manfred Griehl)

Wassernde BV 138/MS der »Mausi-Staffel«: Bei diesen Maschinen musste die Bordbewaffnung im Bug- und Heckstand (20-mm-MGs 151/20) und im oberen Heckstand (13-mm-MG 131) dem Antriebsaggregat für den Minensuchring weichen. (Foto: Radinger. Aus Typenkompass »Blohm & Voss«, Manfred Griehl)

Blohm & Voss Ha 139 V3/U1

Die Ha 139 war eine zivile Entwicklung für die Lufthansa. 1936 wurde das erste hochsee- und katapultfähige Transozean-Flugzeug, die »Ha 139 V1 Nordmeer«, geliefert. Ihr folgte 1937 »V2 Nordwind«. Anschließend fanden mehrere Starts und Tests sowie Flüge zwischen den Azoren und New York statt. Technische Verbesserungen wurden ständig vorgenommen. Als dritte Maschine wurde Ha 139B entwickelt. Sie besaß eine größere Spannweite und tiefer gelegte Triebwerke. Ab Oktober 1937 kamen die drei Flugzeuge nacheinander regelmäßig auf der Luftpoststrecke über den Südatlantik zwischen Bathurst (Australien) und Natal oder Recife in Brasilien zum Einsatz. Bis August 1939 sind Transozean-Flugzeuge 36 Mal hin und zurück über den Südatlantik geflogen.

Im September 1939 wurden sie nach Deutschland zurückverlegt. Mit Ausbruch des Krieges wurden die »Nordmeer« (V1) und die »Nordwind« (V2) als Transportflugzeuge eingesetzt.

Die Ha 139B erhielt einen verlängerten, gläsernen Bug und vergrößerte Höhenleitwerke. Ihre neue Bezeichnung: »Ha 139 V3/U1« – »U« für Umbau. Sie wurde zuerst als Aufklärer genutzt und dann 1940 versuchsweise mit einer magnetischen Sensorschleife zwischen Nase, Schwimmern, Flügelspitzen und Heck ausgestattet. Dadurch wurde sie mit einem Startgewicht von 19.000 kg zu schwerfällig und konnte ebenfalls nicht überzeugen.

Eine zivile Version der Ha 139 nach dem Zuwasserlassen. (Foto: Sammlung Karr)

Das Modell einer Ha 139 V3/U1 mit der etwas provisorisch wirkenden Minensuchschleife. Diese Variante kam nie zum Einsatz.

Dornier Do 23 MS

Die Dornier Do 23 war ein mittlerer Bomber der 1930er Jahre. 1934 und 1935 wurden 282 Do 23 für die Luftwaffe gebaut. Sie waren für die moderne Kriegsführung völlig unbrauchbar. Trotzdem (vielleicht wusste man nicht, wohin mit den alten Maschinen) wurden einige dieser Flugzeuge noch 1941 mit dem Spulenring zum Minenräumen ausgerüstet. Sie haben sich in der Praxis nicht bewährt. Es kam ständig zu Notlandungen und Brüchen. Wie viele Maschinen umgerüstet worden sind und im Einsatz waren, ist nicht mehr zu ermitteln.

Eine Do 23 MS nach Fahrgestellbruch in Riga-Spilve, Juli 1941.

Die altersschwachen Do 23 MS im Minensuchdienst.

Dornier Do 24 N 1/MS

Dieses dreimotorige hochseefähige Fernaufklärungsflugzeug wurde ursprünglich für die Niederlande gebaut. Der Erstflug fand 1937 statt. Die ersten 28 Serien-Flugzeuge gingen bis September 1939 nach Dordrecht in Südholland an die lizenznehmende Firma Aviolanda. Mit Einmarsch der deutschen Wehrmacht fielen die dort noch im Bau sich befindlichen Maschinen in deutsche Hand. Da sich die Do 24 hervorragend für den Seenoteinsatz eignete, wurde die Produktion zügig fortgeführt und auf verschiedene Produktionsstätten (Niederlande und Frankreich) verteilt. Im September 1944 endete die Fertigung. Insgesamt konnten bis dahin 273 Maschinen gebaut werden. Nach dem Krieg wurden von der französischen Firma SNCAN noch weitere 40 Do 24 bis 1947 produziert.

1940 wurde auch eine Do 24 mit der Werknummer 0006 für Versuche mit dem Minensuchring herangezogen. Die Montage des Ringes zwischen der Tragfläche und dem Boot erwies sich als nicht praktikabel, da fast keine Wirkung beim Räumen erreicht werden konnte. Am 21.02.1941 ging die Maschine beim Start zu einem Testflug von Dortrecht-Hafen durch eine Kollision mit einem Schlepper verloren. Es gab fünf Tote.

Die Do 24 N1/MS mit der Werknummer 006. Dies ist das wahrscheinlich einzige Foto, welches es von der Maschine mit Magnetspule gibt.

Do 24. (Fotos: Nationaal Archief)

Do 24.
(Fotos: Nationaal Archief)

Reste einer Do 24 sind im Technik Museum in Speyer ausgestellt.
(Foto: Hans Karr)

Junkers Ju 52/3m MS

Bereits im Mai 1940 wurden zwei »Ju 52« für Versuche bereitgestellt. Dr. Benecke (siehe oben) hatte die Vorstellung von einem etwa 15 Meter im Durchmesser messenden Ring entwickelt, welcher horizontal an einer Ju 52 anzubringen sei.

In seinem Buch »Minensuchgruppe Mausi« lässt Heinz J. Nowarra Dr. Benecke selbst zu Wort kommen:

»Nach einer längeren Inspektionsreise, ..., fuhr ich am 2. Juli 1940 zu Herrn Zindel, dem Konstrukteur der Ju 52, nach Dessau. Ich erklärte ihm das Vorhaben mit dem MS-Ring ... Herr Zindel nannte mir für die Fertigstellung der ersten Ju 52 MS einen Zeitraum von acht Wochen, nach sechs Wochen war die erste Maschine ausgerüstet. Die ganze Entwicklung lief unter dem Decknamen „Mausi".«

Dipl. Ing. Ernst Zindel berichtet selbst darüber:

»Eine ungewöhnliche Ausführung der Ju 52 war die als „Minen-Räumflugzeug" mit einem großen elektrischen Magnetring – genannt „Mausischleife" – ausgerüstete Ju 52/3m zum Räumen von „Magnetminen". Unter dem Flügel und Rumpf war ein großer Magnetring aufgehängt; dieser bestand aus 44 Wicklungen aus Aluminiumkabel von etwa 10 mm Dreieckskante und einem mittleren Windungsdurchmesser von 14,3 m, entsprechend einer Länge von rund 2000 m Aluminiumkabel. Die Drahtwicklungen wurden durch Sperrholzspanten mit entsprechenden Bohrungen auf Abstand gehalten und waren mittels Leichtmetallblech in elliptischer Form von etwa 35 cm Tiefe und 10 cm Dicke windschnittig verkleidet. Der Außendurchmesser dieses Magnetrings lag bei etwa 14,6 m. ... Die elektrische Energie wurde von einem im Rumpf untergebrachten Generator von meines Wissens 150 kW Leistung geliefert, der von einem entsprechenden Benzin- oder Dieselmotor angetrieben wurde. Es gelang, die Störungen bzw. Änderungen der Flugeigenschaften durch den großen Ring in durchaus erträglichen Grenzen zu halten. Für die Flugzeugbesatzungen aber mag es sicher kein besonders angenehmes Gefühl gewesen sein, in etwa 50 m Höhe oder auch darunter mit der Ju 52 und ihrer „Mausischleife" über feindliche Magnetminenfelder hinwegzubrausen, wobei die Minen etwa 50 m hinter dem darüberfliegenden Flugzeug hochgingen.«[32]

Modell einer Ju 52 MS.

Die britischen Magnetminen detonierten mit einer Verzögerung von sechs Sekunden. Dadurch konnten die tief fliegenden Mausi-Flugzeuge von der bis zu 100 Meter hohen Detonationsfontäne nicht erwischt werden. Um das Tiefflliegen zu erleichtern, war an den Flugzeugen ein Schleppkabel von etwa 10 Metern befestigt. Berührte das Metallgewicht des Kabels bei einer Flughöhe unter 10 Meter die Meeresoberfläche, ertönte in der Kanzel ein Signal und warnte die Besatzung.

Der erste Einsatz erfolgte am 19. September 1940 über der Schelde, wobei zwei britische Minen unschädlich gemacht wurden. Anschließend begann die Aufstellung des Sonderkommandos Mausi. Ende 1941 erfolgte die Umbenennung in Minensuchgruppe 1. Ihr Bestand an Ju 52 MS-Maschinen wuchs zeitweise bis auf 100 an und umfasste sechs Staffeln.[33)]

Problematisch wurde es, als von den Engländern sogenannte Akustikminen eingesetzt worden sind. Sie konnten mit dem MS-Ring nicht bekämpft werden. Nach eineinhalb Jahren Entwicklung und Erprobung stand das KKG – das »Knallkörper-Gerät« – zur Verfügung.

Nach vorsichtigen Schätzungen sollen durch die MSG 1 etwa 3000 britische A- und E-Minen geräumt worden sein. Dem gegenüber stehen 47.300 geworfene Minen. Im September 1944 hatte die MSG 1 ihre größten Verluste. Sie verlor 20 Maschinen durch Feindeinwirkung.

Eine Kette der Minensuchgruppe Mausi. (Foto: E.Petzsch-/ CC-BY-SA 4.0)

Eine Ju 52/3m stürzte am 02. Juli 1944 durch die Wassersäule einer Minendetonation, ausgelöst von einer vorausfliegenden Ju 52, in die Donau. Der Magnetring soll heute noch dort liegen. (Foto: Imperial War Museum, gemeinfrei)

(Foto: E.Petzsch-/ CC-BY-SA 4.0)

(Foto: E.Petzsch-/ CC-BY-SA 4.0)

Sikorsky H-34 G

Eine Vorbemerkung: Nimmt man es genau, gibt es zwischen den Minensuch(-räum-)flugzeugen und den für die gleiche Aufgabe heute eingesetzten Hubschraubern einen großen Unterschied. Die Flugzeuge konnten sich frei im Luftraum bewegen, während Hubschrauber am Räumgerät gefesselt sind, welche sie, durch Kabel verbunden, durch das Wasser ziehen – wie Traktoren der Lüfte. Diese Methode ist heute bei der Deutschen Marine nicht mehr aktuell, da immer mehr Drohnen diese Aufgabe übernehmen können.

Eine weitere Vorbemerkung: Der Buchtitel lautet: »Deutsche Schiffe ...«. Nun sind die vorgestellten Hubschrauber keine deutschen Maschinen. Da aber in den beiden deutschen Marinen vor 1990 Versuche damit gemacht wurden, sollten sie hier auch Platz finden.

Es begann in Deutschland bereits 1965 beim Marinefliegergeschwader 4 in Kiel-Holtenau. Das Geschwader bestand zwischen 1963 und 1968 aus einer Staffel für U-Jagd und Minensuch- und -räumaufgaben. Zum Einsatz kam der Hubschraubertyp Sikorsky H 34 G. Der gleiche Typ wurde auch in der Hubschrauberstaffel des SAR-Dienstes beim Dienst- und Seenotgeschwader MFG 5 geflogen. Die Minensuchflieger erprobten und übten die Räumung von Ankertauminen aus der Luft. Von einem Minensuchboot wurden Verbindungen (über die Räum- und Drachenleinen) über eine Winde im Hubschrauber hergestellt. Ein kompliziertes und auch gefährliches Manöver und nur bei ruhiger See zu praktizieren. Ende der 1960er Jahren wurde das Räumen aus der Luft bei der Bundesmarine aufgegeben.

H-34 G der Marine.

MAW-Hubschrauber Mi-14BT (Haze B)

Die sechs Minenabwehrhubschrauber Mi-14BT, welche ab Dezember 1985 bei der Marine der DDR zugeführt wurden, dienten zum Suchen und Räumen von Seeminen. Sie waren speziell als Zugmittel für Minenräumgeräte spezialisiert. Die Maschinen übernahmen, wie bereits oben geschildert, von einem MAW-Schiff ein aktives oder passives Räumgerät in Schlepp. Dazu befanden sich Sichtfenster und eine große Luke im Heck, um das Räumgerät übernehmen zu können. Über Sprechfunk dirigierte vom Heck aus ein Operateur den Piloten.

Erprobt wurde das Räumen von Gassen in Minenfeldern. Das Fliegen mit der 1,5 bis 3,0 t schweren Last war sehr kompliziert und anstrengend. Der Hubschrauber war praktisch an die See gefesselt. Geplant war die Einführung eines Gefechtssprengschnurgerätes. Die 600 m lange Sprengschnur mit Funkboje sollte in das Minenfeld lanciert und per Funk gezündet werden.

Die Außerdienststellung bei der VM erfolgte Anfang Oktober 1990. Sie verblieben aber noch bis Ende 1991 im Dienst bei der Bundeswehr.

Der MAW-Hubschrauber Mi-14BT.

Eine Mi-14BT mit geöffneter Heckluke beim Schleppen eines Räumgerätes.

Küstenräumung aus der Luft							
Typ	**BV 138 MS**	**Ha 139 MS**	**Do 23 MS**	**Do 24 MS**	**Ju 52 MS**	**Sikorsky H-34**	**Mi-14BT**
Anzahl	3 (?)	1	?	1	271 (?)	5	6
Länge	19,9 m	20,7 m	18,8 m	21,95 m	18,90 m	14,25 m	25,32 m
Höhe	6,6 m	4,8 m	5,4 m	5,75 m	5,55 m	4,86 m	
Spannweite	27 m		25,6 m	27,27	29,30 m	-	-
Rotordurchmesser	-	-	-	-	-	17,07 m	21,29 m
Leergeweicht	8100 kg	10.340 kg	5600 kg	9200 kg	6500 kg	3815 kg	8800 kg
Maximalgleichgewicht	14.700 kg	19.000 kg	8750 kg	18.400 kg	11.000 kg	6050 kg	14.000 kg
Bewaffnung	-	4x7,92-mm-MG	3x7,92-mm-MG	2x7,92-mm-MG, 1x20-mm-Ka-none-MG	2x7,92-mm-MG	-	-
Triebwerk	3xJumo 205 D	4x6-Zyl. Jumo 205 C	2xV-12	3xBramo Stern-motor	3x9-Zyl. BMW 132	9-Zyl. Wright	2xIsotow TV2-117
Leistung	1968 kW	1764 kW	820 kW	22208 kW	2355 kW	1122 kW	3272 kW
Höchstgeschwindigkeit	275 km/h	290 km/h	260 km/h	340 km/h	245 km/h	215 km/h	230 km/h
Reichweite	3880 km	4600 km	1350 km	2900 km	1300 km	450 km	800 km
Dienstgipfelhöhe	4200 m	6600 m		5900 m	5800 m	3200 m	4000 m
Besatzung	5	4–5	4	5	3	2	3–4

SPERRBRECHER UND MINENLEGER

Sperrbrecher (Auswahl)

Der Einsatz von Sperrbrechern war die aggressivste und brutalste Art Minensperren zu räumen bzw. zu durchbrechen. Sperrbrecher bringen beim Durchfahren der Sperren durch ihr eigenes Geräusch-, Magnet- und Druckfeld die Minen zur Detonation. Sie überfahren Minen vorsätzlich und bewusst, um sie unschädlich zu machen. Bei den Schiffen handelte es sich meist um umgebaute ältere Frachtschiffe, deren Laderäume durch Fässer, Kork, Faschinen, Holz und andere schwimmfähige Materialien nach Möglichkeit vor dem Sinken bewahrt werden sollten. Nachdem aber festgestellt wurde, dass die Verlustrate bei älteren Schiffen sehr hoch war, wurden auch neuere Schiffe entsprechend umgebaut, die eine höhere Standfestigkeit aufwiesen. Es wurden zusätzliche Schottwände eingezogen und nicht benötigte Doppelbodenzellen, Bunker und Tanks wurden dichtgesetzt. Ausgewählt wurden dafür nur Frachtschiffe bis zu 5000 BRT. Ab 1943 wurden von der KM spezielle Sperrbrecher in Auftrag gegeben, die eine hohe Stand- und Schockfestigkeit aufwiesen.

Zum Räumen von Berührungs- bzw. Kontaktminen erhielten die Sperrbrecher ein Bugschutzgerät, mit dem Ankertauminen abgewiesen und geschnitten werden konnten. Um auch Grund- und Fernzündungsminen räumen zu können, musste der Eigenschutz grundsätzlich geändert werden. Die Schiffe erhielten eine sogenannte VES-Anlage mit »vorauswirkendem Eigenschutz«, d.h. sie erhielten Magnetwicklungen, die ihr Magnetfeld vergrößerten, um Minen bereits bei der Annäherung des Sperrbrechers zu zünden. Dieses Feld erstreckte sich bis zu 80 Meter voraus und bis zu 40 Meter seitlich. Es gab verschiedene Wicklungen, um die Wirksamkeit ständig zu erhöhen:

Die Magnetfelder wurden erzeugt, indem in den Frachträumen zusätzliche Schiffs- oder Flugzeugmotoren aufgestellt worden sind, die den erforderlichen hohen Strombedarf decken konnten. Später kamen auch noch Schallerzeuger dazu, um akustische Fernzündungsminen ebenfalls räumen zu können. Um die Besatzungen der Schiffe vor den Detona-

SP 120, *ex RENE. Versuch mit der EM-Anlage-Rotterdam. Die Magnetstäbe befinden sich in Räumstellung. Der Versuch konnte nicht befriedigen.*

tionswellen zu sichern, wurden starke Papp- oder Holzunterlagen auf den Decks aufgebracht.
Unterschieden wurden bei der Kriegsmarine die Sperrbrecher nach ihrer Größe:

- Große Sperrbrecher von 2500 bis 5000 BRT.
- Mittlere Sperrbrecher von 1500 bis 2500 BRT.
- Kleine Sperrbrecher von 1000 bis 1500 BRT.
- Kleinst-Sperrbrecher von 400 bis 1000 BRT.

Die Kaiserliche Marine praktizierte diese Einteilung bei den wenigen Schiffen noch nicht.
Sperrbrecher wurden erstmals im Ersten Weltkrieg eingesetzt, um Seeminen mit unbekannten Zündprinzipien unschädlich zu machen. Die Kaiserliche Marine verfügte insgesamt über 27 Sperrbrecher, die ehemaligen Frachtern der Baujahre von 1889 bis etwa 1912 entstammten und überwiegend im Jahr 1914 in Dienst gestellt wurden. Die mehrheitliche Bewaffnung bestand aus 2 x 8,8-cm-SK. Die Sperrbrecher GERTRUD, SANTA CRUZ und THERAPIA erhielten 1918 ein drittes 8,8-cm-Schnellfeuergeschütz. Im gleichen Jahr erhielten die Schiffe ein starres Bugschutzgerät (St.M.R.).
Von den 27 Sperrbrechern der Kaiserlichen Marine gingen sechs durch Minentreffer und zwei durch Torpedos englischer U-Boote verloren. Fünf weitere Schiffe wurden während des Krieges außer Dienst gestellt bzw. an die Reedereien zurückgegeben.
Die Anzahl der Sperrbrecher ging während des Zweiten Weltkriegs sprunghaft in die Höhe. Auch hier wurden vorrangig Fracht- oder Trampschiffe requiriert und entsprechend umgebaut. Allein bei der Kriegsmarine waren von 1939 bis 1945 etwa 118 Sperrbrecher in Dienst gestellt worden. Viele kleinere Einheiten wurden als Sperrbrecher in den Flussmündungen eingesetzt. Bei der Fülle an verschiedensten Schiffen können hier nur ein paar zur näheren Betrachtung ausgewählt werden.

Günther Lampert erzählte in dem »SOS Sonderband Nr. 5 – Sperrbecher „Sperber"« über den Umbau eines Frachters zum Schiff der Kriegsmarine:
»Die Masten mit den Ladebäumen waren demontiert worden. Der Fockmast war auf halber Höhe abgeschnitten und trug die Antenne. Die Brücke hatte ein Panzerkleid erhalten. An ihrer Vorderseite stand der neue Gefechtsmast, der Signalleinen und Antennen trug. Die Relings waren entfernt worden, und an ihrer Stelle war ein 70 Zentimeter hohes Schanzkleid gezogen. Binnenbords dieser Schanzverkleidung liefen an Back- und auch Steuerbord drei armdicke Kabel, die achtern über Bord bis unter die Wasserlinie reichten. Die Leitungen führten mit Abzweigungen mittschiffs an ein neu erstelltes Aggregat mit einem komplizierten Umschaltwerk. ... Der Bug war durch Panzerplatten verstärkt. Der Eigenschutz gegen Minen, der sogenannte „Spargel", am Kiel festgemacht, war in Buchsen gelagert und ragte mit seiner Spitze und der daran angebrachten Rolle hochgezogen weit über den Vorsteven hinaus.
... Auf dem Vordeck und dem Achterschiff lagen Rettungsflöße zwischen Eisenstangen. Auf der Schanz standen zwei Wasserbombenwerfer. Die Bewaffnung bestand aus einer Achtacht am Bug, einer Achtacht auf der Schanz achtern, insgesamt vier Kampfstände mit je einer Vierlings-Zweizentimeter. Wo der achtere Mast gestanden hatte, erhob sich ein Stand mit einer Zwillingsdreisieben, vollautomatisch. ... «[34]

Eine Randbemerkung: Es gab auch noch Sperrschiffe/Sperrleichter und Sperrschlepper, die nicht mit Sperrbrechern zu verwechseln sind. Sperrschiffe konnten Flüsse sperren, sowohl gegen das Eindringen feindlicher Kräfte als auch gegen aufkommendes Hochwasser. So wurden viele Hochwasserschleusen auf der Donau als Sperrschiffe bezeichnet, da sie einseitig am Ufer befestigt schwenkbar waren und den Fluss bis auf den Grund abriegeln konnten.
Der hauptsächliche Einsatz von Sperrschiffen und Sperrleichtern diente allerdings der militärischen Absperrung vor allem der Flüsse: Ems, Elbe und Jade. Sperrschlepper dienten zum Bewegen der antriebslosen Sperrleichter.
Im Ersten Weltkrieg wurden etwa 85 Sperrleichter und etwa 20 Sperrschiffe eingesetzt. Im Zweiten Weltkrieg reduzierten sich die Sperrleichter auf etwa acht, welche eingesetzt wurden.

Nach dem Zweiten Weltkrieg stand die Entwicklung und der Bau von Sperrbrechern nicht unmittelbar im Mittelpunk der maritimen Aufrüstung. Es galt zunächst eine moderne Minensuch- und Räumflotte aufzubauen, um der noch existierenden Minengefahr in Nord- und Ostsee Rechnung zu tragen. In den 1970er Jahren wurde dann aber über ein Konzept nachgedacht und wohl auch experimentiert, Sperrbrecher zu entwickeln, die elastisch und schockabsorbierend auf Minendetonationen reagieren. Diese Überlegungen führten bei der Bundesmarine zur Planung eines Sperrbrechers der Klasse 355. Die offizielle Bezeichnung war »Minensucher Spezial (ERMISS)[34a]«, als ein gegen Minendetonationen widerstandsfähiges Räumsystem. Bis heute werden die genauen Unterlagen zu diesem System unter Verschluss gehalten und die Weiterentwicklung liegt offensichtlich auf Eis.

AACHEN, SP 10, SP 1 – 1895

Die AACHEN (3833 BRT) lief am 05.04.1895 bei der AG Vulcan in Stettin vom Stapel und startete zu ihrer Jungfernfahrt als Fracht-Passagierschiff am 12.01.1896 von Bremen aus nach Montevideo und Buenos Aires. Sie gehörte zur Crefeld-Klasse des Norddeutschen Lloyd. Ihre Schwesternschiffe waren: CREFELD, BONN und HALLE. Ihr erster »Militär-Einsatz« fand 1900 statt. Am 31. Juli transportierte sie Teile des Ostasiatischen Expeditionskorps nach China (Boxeraufstand) und 1904 Truppen nach Deutsch-Südwestafrika gegen den Herero-Aufstand.
Bei Ausbruch des Krieges befand sich die AACHEN in Deutschland und wurde am 14.10.1914 als *Sperrbrecher 10* übernommen und im Mai 1915 zum *Sperrbrecher 1* deklariert (Nummerntausch mit der MECKLENBURG).
Das britische U-Boot *E1* versenkte die AACHEN am 30.07.1915 bei Östergamsholm (kleine schwedische Ostseeinsel vor Gotland).

Fotos der Sperrbrecher: siehe [35].

Die CREFELD – ein Schwesternschiff der AACHEN.

THERAPIA SP 2 – 1901

Von Blohm & Voss 1901 an den Norddeutschen Lloyd in Bremen übergeben, lief sie unter dem Namen THERAPIA (3938 BRT) als Fracht-Passagierschiff auf der Linie nach Odessa und ab 1906 von Marseille nach Batum, der Hafenstadt am Schwarzen Meer. 1913 Verkauf nach Russland, an den Baltischen Lloyd in Libau. Neuer Name BALTICA.
Im August 1914 mit Beginn des Krieges wurde die BALTICA vor Libau (heute Liepāja – Lettland) von der Kaiserlich Russischen Marine als Blockschiff versenkt. Am 09. August 1915 von den Deutschen gehoben, repariert und ab 21.04.1916 wieder unter dem Namen THERAPIA als SP 2 in der Ostsee in Dienst gestellt. Im September 1917 diente es als Versuchsschiff für Minenräumsysteme und ging im Dezember 1918 außer Dienst.
Sie verblieb in Libau als BALTICA und wurde 1920 an Dänemark verkauft (erworben von Hugo Stinnes über dänische Tochtergesellschaft). Danach erfolgte eine abenteuerliche Fahrt am Rande einer Meuterei und unter der alten russischen Handelsflagge nach Ostafrika (Führung: ein russischer, ein dänischer und zwei deutsche Kapitäne).
1922 an die »Freie Stadt« Danzig. Jetzt unter dem Namen DANZIG im Stinnes-Südamerika-Dienst. 1926 an die Hapag-Lloyd, genutzt als Frachtschiff, wurde sie im Dezember 1930 ausgesondert und in Bremerhaven verschrottet.

VIGO, SP X, SP 10 – 1922

Die VIGO (7387 BRT) gehörte zu einer Bauserie von drei Schiffen für die Reederei Hamburg Süd. Sie wurde bereits 1917 in Auftrag gegeben, konnte aber erst im April 1922 den Liniendienst nach Südamerika aufnehmen. Ihre Schwesternschiffe, ESPAÑA und LA CORUÑA waren bereits seit Januar 1922 im Einsatz.
ESPAÑA ging 1946 als GENERAL BAGRATION an die Sowjetunion, 1973 als FUJI MARU NO. 5 an Japan, dort aber nicht in Fahrt gesetzt, wurde sie 1974 abgebrochen.
Die LA CORUÑA, am 13.03.1940 durch den britischen Hilfskreuzer MALOJA gestellt, versenkte sich selbst.
VIGO wurde am 28.09.1939 von der KM als *Sperrbrecher X* (01.07.1940: *Sperrbrecher 10*) übernommen und wurde Führungsschiff der in Cuxhaven stationierten 1. Sperrbrecherflottille. Ihr Einsatzgebiet zum Räumen von E-Minen war vorrangig die Elbmündung und der Geleitverkehr nach den Niederlanden/Belgien und nach Norwegen/Dänemark. Hervorzuheben ist die Beteiligung des *Sperrbrechers X* am Unternehmen »Cerberus« – dem Kanaldurchbruch der Schlachtschiffe SCHARNHORST und GNEISENAU sowie des Schweren Kreuzers PRINZ EUGEN vom 11. bis 12.02.1942. Im Vorfeld des Unternehmens wurde auf dem geplanten Durchbruchkurs in unregelmäßigen Abständen Minen geräumt. Unregelmäßig, damit nicht seitens der Briten Verdacht über den tatsächlichen Grund geschöpft wurde. Nachdem die SCHARNHORST trotzdem zwei Minentreffer erhalten hatte, setzte sich die VIGO unmittelbar vor das Flaggschiff zur Sicherung vor Grundminen. Sie begleitete das Großkampfschiff sicher in die Jademündung. Später bekam auch die GNEISENAU Sicherungsgeleit in die Elbmündung.
Am 06.03.1944 traf eine Minenexplosion die VIGO so hart, dass es zwar noch schwimmfähig blieb, aber nach 13 Stunden sackte das Vorschiff auf Grund. Bei einer Länge des Schiffes von 126 Metern ragte das Achterschiff noch aus dem Wasser, bis es am 07.03.1944 endgültig versank. Bis auf einen Mann konnte die gesamte Besatzung gerettet werden.
Räumerfolge: 52 Minen.

WALDTRAUT HORN, SP 24 – 1928

Auch dieser Sperrbrecher hat eine interessante Geschichte aufzuweisen. Gebaut wurde er unter der Bau-Nummer 1200 von den Schichau-Werken in Elbing[36]. Der Stapellauf erfolgte am 15.11.1928 und die Ablieferung als PRESIDENTE GOMEZ (3995 BRT) am 25.04.1929 an die Reederei H.C. Horn., Hamburg.
Nach dem Verlust des ersten Schiffes mit dem Namen WALTDRAUT HORN am 03.01.1925 (bei Cap Finisterre von der Besatzung im Sturm aufgegeben) wurde die PRESIDENTE GOMEZ anlässlich des 11. Jahrestages des Untergangs in WALDTRAUT HORN umbenannt.
Mit Beginn des Zweiten Weltkrieges am 01.09.1939 befand sich die WALDTRAUT HORN auf der Heimreise von Cartagena (Kolumbien) nach Hamburg. Ihren Heimathafen konnte sie am 06.09.1939 nur unter dem Tarnnamen TRANTAH aus Göteborg mit dem Schornsteinabzeichen der schwedischen Reederei Johnson erreichen.
Kurz darauf, bereits am 11.09.1939, wurde ihr Name abermals geändert – nur noch WALDTRAUT – und das Schiff ging an das von Heinz Horn 1934 gegründete »Westindische Schiffahrtskontor GmbH, Hamburg«, welches Anteilseigner aller Schiffe der Horn-Linie war. Die WALDTRAUT beteiligte sich dann im November/Dezember 1939 an der Rückführung von Baltendeutschen aus dem Baltikum[37].
Bis zum 17.05.1940 erfolgte bei Blohm & Voss der Umbau zum Hilfssperrbrecher A und die Indienststellung bei der 1. Sperrbrechergruppe der KM und am 01.07.1940 zur 1. Sperrbrecherflottille. Als äußeres Zeichen ihres halbmilitärischen Status fuhren Hilfssperrbrecher unter der Reichsdienstflagge. Im September/Oktober1940 erhielt der *Sperrbrecher A* in Helsingör eine MES-Anlage eingebaut und setzte ab 01.09.1940 die Reichskriegsflagge. Am 15.11.1940 der 3. Sperrbrecherflottille zugeordnet, leistete sie in der westlichen Ostsee und den dänischen Gewässern, nun als *Sperrbrecher 24* (seit 01.10.1941), aktiven Räumdienst. Zwischenzeitlich wurde die 1940 eingebaute MES-Anlage gegen eine VES-Anlage ausgetauscht.
Am 12.09.1942 wurde die WALDTRAUT HORN vor Schleimünde durch einen Minentreffer so stark beschädigt (700 t Wasser im Schiff), dass sie zur

Durchführung größerer Reparaturen am 10.11.1942 außer Dienst gestellt werden musste und erst ab 10.08.1944 wieder zum Dienst in der 3. Sperrbrecherflottille antreten konnte.

Mit Ende des Zweiten Weltkriegs tat SP 24 wie viele andere Sperrbrecher Räumdienst beim GMSA und ging im Januar 1946 gemeinsam mit den Sperrbrechern 104, 153 und 177 unter deutscher Besatzung nach Swinemünde (heute Świnoujście), um dort am 17.01.1946 an die Sowjetunion als Beute übergeben zu werden. Unsere WALDTRAUT HORN diente nun bei der Baltischen Flotte der UdSSR unter den verschiedensten Kenn-Nummern und Namen: *65, 94 – КУШКА (KUSHKA), 207, 611, 128, 670.*

Zum weiteren Weg der WALDTRAUT HORN gibt es widersprüchliche Angaben. Offensichtlich wurde 1952 seitens der schwedischen Regierung verlangt, dass auf der noch immer minengefährdeten Fährlinie Warnemünde–Trelleborg seitens der DDR ein Sperrbrecher einzusetzen sei. Dazu wurde von der Baltischen Flotte die KUSHKA an die DDR überstellt. Sie soll von Angehörigen der Volkspolizei-See unter der DDR-Flagge vom 05.10.1952 bis 16.08.1953 auf der genannten Fährlinie eingesetzt worden sein. Ganz abgesehen davon wird die Führung des Schiffes der NVA – die erst 1956 gegründet wurde – oder gar der Volksmarine (Namensgebung 1960) zugeschrieben, was vollkommen aus der Luft gegriffen ist und historisch nicht stimmen kann[38]. Entsprechende Rückfragen bei verschiedenen Institutionen und Werften, einschließlich in St. Petersburg, konnten oder wollten nicht beantwortet werden.

Fakt ist, dass die KUSHKA ab August 1953 in der Warnow-Werft in Warnemünde und der Neptun-Werft in Rostock zu Reparaturen und Umbauten zum Wohnschiff eingedockt worden ist. Ihre Fertigstellung erfolgte bis zum 09.09.1955. Es ist gut möglich, dass die Führung der DDR-Flagge während des Werftaufenthaltes und bei Erprobungsfahrten zur Legendenbildung einer deutschen Besatzung auf der Fährlinie beigetragen hat.

So wird auch immer wieder darauf verwiesen, dass die KUSHKA 1953 an die Baltische Flotte zurückgegangen wäre. Wahrscheinlich wurde sie aus der DDR-Hoheit entlassen, ging danach sofort in die Werften und erst nach Fertigstellung als Wohnschiff 1955 zurück nach Leningrad. Viele Ungereimtheiten.

1984 aus der Liste der Kriegsschiffe gestrichen, wurde der ehemalige Sperrbrecher 24, ex WALTRAUD HORN anschließend abgebrochen.

Räumerfolge: 12 Minen.

Die Bordnummer 94 ist durch den Namen KUSHKA ersetzt worden. Auslaufend Warnemünde ab 05.10.1952 unter Regie der DDR/VP-See??

BELGRANO, SP 11 – 1936

Das Motorschiff BELGRANO (benannt nach einem argentinischen Politiker und General, 1770–1820; 6095 BRT) wurde 1936 bei Howaldt Werke in Hamburg für die Reederei Hamburg-Süd (HSDG) gebaut.

Zur Vorbereitung auf das Landeunternehmen »Seelöwe» in Großbritannien wurde die BELGRANO im August 1940 requiriert und zum Transporter A 6 umfunktioniert. Nach Abbruch der Vorbereitungen auf die England-Invasion ging das Schiff am 17.01.1941 offiziell in Dienst und als *Sperrbrecher 11* zur 1. Sperrbrecherflottille.

Während eines Räumeinsatzes am 23. Oktober 1942 brach infolge einer Grundminenzündung bei Ameland das Vorschiff des Sperrbrechers in Höhe der vorderen Brückenkante ab. Die beiden Schiffsteile blieben schwimmfähig, wobei sogar mit dem Achterschiff eine weitere Mine (die 100.!) geräumt wurde. Beide Hälften werden nach Hamburg eingebracht und repariert.

Anfang 1945 wurde die BELGRANO zur Sicherung der Schweren Kreuzer PRINZ EUGEN,

ADMIRAL SCHEER und der LÜTZOW sowie mehreren Zerstörern an die Ostpreußenfront kommandiert, damit die Kreuzer und Zerstörer in den Kampf gegen die vorrückende Rote Armee eingreifen konnten. *SP 11* fuhr mit *SP 17* (TEMPLAR) und *SP 27* (H.C.HORN) an der Spitze der Geleite. Auf dem Rückmarsch brachten die Schiffe Frauen, Kinder und Verwundete nach Kiel. Bis zum Ende des Krieges konnte der *Sperrbrecher 11* insgesamt 125 Räumerfolge verzeichnen.
Von 1945 bis 1947 nutzte die GMSA das Schiff.
1946 wiederholte sich der oben genannte Vorfall vom Oktober 1942. Bei einer Minenexplosion brach das Vorschiff ein weiteres Mal ab. Auch hier blieben die beiden Schiffsteile schwimmfähig. Der *Sperrbrecher 11* lief mit eigener Kraft und dem mitgeschleppten Vorschiff in die Elbmündung zurück. 1948 erfolgte dann die Verschrottung im schottischen Hafen Inverkeithing.
Räumerfolge: 125 Minen.

Die BELGRANO im Hamburger Hafen. Gut zu erkennen, die Wicklungen der VES-Anlage an Backbord. (Foto: wlb-stuttgart.de/Seekrieg/4210-bilder)

PRINS WILLEM IV (SP 179) – 1941

Die PRINS WILLEM IV wurde auf der Schiffswerft De Merwede in Holland für die Reederei Mij. Zeetransport in Rotterdam gebaut und am 03.05.1940 übergeben. Am 11.11.1941 von der Kriegsmarine beschlagnahmt und umgebaut, ging sie am 10.11.1943 als *Sperrbrecher 179* an die 8. Sperrbrecherflottille. Die Flottille ist am 09.12.1941 durch Umbenennung der 5. SBF entstanden. Mit ihren 1535 BRT gehörte das Schiff zu den Mittleren Sperrbrechern. Ihr Einsatzgebiet umfasste die Nordsee (holländische Küste). Während einer Werftliegezeit in der Stülckenwerft – Hamburg wurde der Sperrbrecher am 31.12.1944 bei einem alliierten Luftangriff versenkt. Im Dezember 1945 gehoben, wurde das Schiff an die holländische Reederei zurückgegeben, repariert und neu aufgebaut und unter seinem alten Namen noch bis 1966 im Liniendienst eingesetzt. 1966 nach Italien – neuer Name: CITTA DO BEIRUT; 1971 Zypern: TREMCO SUN; 1973 zurück an Italien CITTA DO BEIRUT und 1974 abgebrochen.
Räumerfolge: 5 Minen.

Die PRINS WILLEM IV in Koningshaven, 1940/41. (Foto: Mare Liberum Ship Photography)

Umgebaut zum Sperrbecher 179.

MARTHA, SP 104 und KEPLER, SP 192 – 1943

Als deutlich wurde, dass sich die Verminung der Flussmündungen und Hafeneinfahrten durch den Gegner immer mehr verstärkten, mussten Lösungen gefunden werden. Die großen Minensucher mit den breiten und langen Räumgeräten kamen nicht in Frage. Kleine Sperrbrecher dagegen schienen besser geeignet zu sein. Doch für die Anbringung der großen Kabelwicklungen waren sie wieder zu klein. Den Ausweg fand man in der italienischen »Canona Antimagnetica«. Kurz: der CAM. Sie bestand aus zwei Eisenspulen, welche kreuzartig auf dem Oberdeck montiert waren. Die KM kaufte von der italienischen Werft Ansaldo aus Genua zwei dieser Geräte und montierte sie auf die *Sperrbrecher 104* (MARTHA) und *192* (KEPLER).
Nach geringfügigen Veränderungen wurden weitere Spulen nachgebaut. Sie erhielten die Bezeichnung »Kreuzpolgerät« (KPG).
Die MARTHA wurde 1900 von der Werft E. Berninghaus/Duisburg – Zollhafen als Seeleichter (546 BRT) ausgeliefert. Unter der Bezeichnung W.T.A.G. 32 lief sie für die Westfälische Transport AG – Dortmund. 1920 erfolgte ein Umbau zum Frachtdampfer NORDSTERN. Er wurde von der Reederei W. Kunstmann – Stettin – eingesetzt. 1925 wurde das Schiff von dem Reeder Hermann Otto Ippen in Stettin gekauft. Es bekam nun den Namen: HELENE OTTO IPPEN und ging dann 1930 als Frachtschiff MARTHA an die Ippen-Linie nach Hamburg. Im April 1942 von der KM eingezogen und als Versuchsschiff zum Netzsperrversuchs-Kommando nach Kiel kommandiert, erfolgte der Umbau zum Versuchssperrbrecher.
Er erhielt eine Verstärkung des Bootskörpers und das erste CAM/Spulenkreuz wurde in einer speziellen Holzlagerung auf dem Oberdeck im Vorschiffsbereich montiert. Die auf beiden Seiten des Schiffes herausragenden Spulen hatten ein Gewicht von 90 t und machten das Schiff leicht vorlastig. Nach Beendigung der erfolgreichen Tests und Versuche konnte die MARTHA am 14.08.1943 als vollwertiger *Sperrbrecher 104* der 3. Sperrbrecherflottille und unmittelbar danach der 2. Sicherungsflottille in Swinemünde zugeordnet werden. Seine Räumerfolge beim Freihalten der Seewasserstraßen in der Pommernbucht machten es zu einem der erfolgreichsten Minenräumfahrzeuge in der Ostsee. Mit Ende des Krieges erfolgte die Nutzung der MARTHA beim GMSA und das Schiff ging dann am 19.11.1945 als Beute an die UdSSR.
Sperrbrecher 192 erhielt die zweite CAM. Die KEPLER, 1924 als M IV im Dienst des Bayrischen Lloyds (Regensburg), war ursprünglich ein Donauschiff. 1925 als KEPLER bei der Binnenreederei als Frachter genutzt, wurde es im April 1943 als Sperrbrecher in der Donaumündung und im Schwarzen Meer eingesetzt. Der Einbau des Kreuzpolgerätes CAM erfolgte Ende 1943. Über Räumerfolge ist nichts bekannt.
1945 wurde das Schiff an den Bayrischen Lloyd zurückgegeben. Die Reederei ließ 1955 den Frachter zum Schleppkahn ohne Eigenantrieb umbauen. Bordnummer: *BL 175*. Im April 1969 erfolgte die Außerdienststellung und er wurde abgebrochen.

Sperrbrecher								
Typ	**Große Sperrbrecher**					**Mittlere Sperrbrecher**	**Fluss-Sperrbrecher**	
	AACHEN	**THERAPIA**	**VIGO**	**W.HORN KUSHKA**	**BEL GRANO**	**PRINS WILLEM IV**	**MARTHA**	**KEPLER**
Bordnummer	SP 10/1	SP 2	X/10	24	11	179	104	192
Bauzeit	1895	1901	1922	1928	1936	1940	1900	1924
Umbau	1914	1916	1940	1940	1941	1943	1943	1943
Im Dienst bis	1915 versenkt	1918 an B.L.*	1944 MI**	1984 UdSSR	1947 GB	1974	-	-
Tonnage, BRT	lt.	1954 UdSSR	1969 Bay.L.*	-	-	17,07 m	21,29 m	21,29 m
Länge	108,3 m	106,7 m	126 m	95,7 m	145 m	75,9 m	59,3 m	62,9 m
Breite	13,3 m	13,6 m	18,3 m	14,9 m	18,6 m	12,8 m	8,0 m	8,3 m
Tiefgang	7,58 m	9,7 m	8,3 m	6,5 m	7,3 m	5,5 m	2,7 m	2,5 m
Maschinenanlage	1 Exp 3-Zyl.	1 Exp 3-Zyl.	1 Exp 3-Zyl.	1 Sulzer 5-Zyl.-DM	1 MAN 8-Zyl.-DM	1 ? DM	?	2 MAN DM
Gesamtleistung	1324 kW	2206 kW	2795 kW	1839 kW	2464 kW	1104 kW	?	295 kW
Geschwindigkeit	12 kn	14 kn	12 kn	12 kn	13 kn	12 kn	9,5 kn	10 kn
Fahrbereich	?	?	12.000 sm	12.300 sm	?	?	?	?
Bewaffnung	2x8,8 cm	3x8,8 cm SK	2x10,5 cm, 4x3,7 cm, 5x2 cm, 1 Fesselballon	2x10,5 cm, 4x3,7 cm, 12x2 cm, 8 RAg	2x10,5 cm, 4x3,7 cm, 10x2 cm	2x10,5 cm, 2x3,7 cm, 10x2 cm	?	?
Besatzung	43/54	65/77	46/69	40	35	33	?	?
Räumerfolge	?	?	52	12	125	5	50	11

* B.L. = Baltischer Lloyd, Libau
Bay.L. = Bayrischer Lloyd
** MI = Minentreffer – gesunken.

Minenleger, Minentransporter, Minenschiffe

Bisher wurden die Schiffe, Boote und Luftfahrzeuge behandelt, welche beim Räumen von Minensperren zum Einsatz kamen. Im Folgenden sollen Fahrzeuge behandelt werden, die diese Sperren verlegten. Wobei auch hier nur eine Auswahl behandelt werden kann, da eine breite Palette von Einzelschiffen zur Erfüllung dieser Aufgaben eingesetzt worden ist. Für den Zeitraum von 1914 bis heute gibt es die unterschiedlichsten Einteilungen, Untergliederungen und Bezeichnungen der Minenleg-Schiffe. Allgemein gebräuchlich sind folgende:

- **Minenleger** sind Kriegsschiffe, die speziell zum Minenlegen gebaut wurden.
- **Minentransporter** sind ebenfalls Kriegsschiffe, die aber sowohl für den Seeminentransport als auch zum Minenlegen verwendet werden konnten.
- Unter **Minenschiffe** werden umgebaute ehemalige zivile Handels- oder Passagierschiffe verstanden, welche zum Minenleger umgebaut worden sind. Diese werden auch oft als Hilfsminenleger bezeichnet und beziehen sich dann auf behelfsmäßig umgerüstete zivile Fahrzeuge. In der Kaiserlichen Marine wurde dafür die Bezeichnung »Hilfsstreuminendampfer« und in der KM generell der Begriff »Minenschiff« verwendet. Im Folgenden sind unter »Minenschiffe« alle genannten Bezeichnungen zu verstehen.

Minenleger BRUMMER (II), etwa 1941; aus den im Heck befindlichen Luken wurden die Minen geworfen.

Weitere Minenlegekräfte bzw. Begriffe, die immer wieder verwendet werden, aber in das o.g. Schema nicht eingeordnet werden können, sind: Minenprahme, Fortifikationsminenleger (Fortifikation: Verteidigung eines Ortes/Auslegen von Defensivminensperren – s.u.), Minendampfer (Verlegung von Positionsminensperren – die Zündung erfolgte manuell von Land aus) und Minenkreuzer. Weiterhin wurden insbesondere während des Ersten Weltkrieges Minenleger-U-Boote entwickelt, deren Entstehung ein besonderes Kapitel gewidmet ist.

Im Zweiten Weltkrieg beginnend und fortgesetzt auf den heutigen Überwasserkriegsschiffen, findet man Minenschienen, die es diesen Kräften ermöglichten, ebenfalls Minen zum Einsatz zu bringen.

Minenwurf auf dem Minenschiff HANSESTADT DANZIG. (Foto: Bundesarchiv, Bild 101II-MN-1559-33)

Die Funktion der Minenleger in der modernen Kriegsführung nimmt allerdings ab, da es heute effizienter scheint, Flugzeuge und Hubschrauber zur Erfüllung dieser Aufgaben zu verwenden. Das zeigte sich bereits im Zweiten Weltkrieg bei dem mas-

siven Einsatz britischer Bomber zur Verminung der deutschen Flussmündungen in der Nord- und Ostsee.
Grundaufgabe aber all dieser Kräfte war und ist auch heute noch das Legen von Seeminen in feindlichen Gewässern (offensiv) oder zum Schutz der eigenen Seegebiete (defensiv).

Minenleger (Auswahl)

PELIKAN – 1890

Ursprünglich war die PELIKAN als Transportschiff für Ablösebesatzungen der in Übersee stehenden Schiffe Seiner Majestät gedacht. Doch noch vor der Indienststellung am 15.10.1891 änderte sich die Aufgabenstellung für das Schiff.
Möglicherweise hat die Haltung von Bismarck, der zu diesem Zeitpunkt die Meinung vertrat, dass sich das Deutsche Reich aus der Kolonialpolitik zurückziehen sollte, auch den Admiralstab beeinflusst. Bekannt ist der Ausspruch von Bismarck gegenüber einem Journalisten: »Ihre Karte von Afrika ist ja sehr schön, aber meine Karte von Afrika liegt in Europa.

Die PELIKAN vor 1895, ursprüngliches Aussehen. (Foto: Bundesarchiv, Bild 146-2008-0168)

Hier liegt Russland, und hier … liegt Frankreich, und wir sind in der Mitte, das ist meine Karte von Afrika.«[41]
Sei es, wie es sei – jedenfalls ging die PELIKAN nicht nach Übersee, sondern als Wach- und Forschungsschiff für die Ostsee nach Kiel. Nach der Bildung der Minenversuchskommission der Kaiserlichen Marine wurde das Schiff am 01.11.1895 übernommen und als Minenversuchsschiff genutzt.

Im Kriegseinsatz. (Foto: Postkarte)

Während einer Generalüberholung der PELIKAN in Danzig 1914 brach der Krieg aus und das Schiff ging am 25.09.1914 als Minenleger an die Flotte. Ihr erster Einsatz erfolgte am 22.12.1914 zum Legen einer Sperre in der Deutschen Bucht. Bis Ende Mai 1916 war sie an mehreren Aktionen in der Deutschen Bucht zum Legen von U-Boots-Minensperren beteiligt. Als die Minenkreuzer BRUMMER und BREMSE ihren Dienst aufnahmen, nahm sie ab 01.06.1916 wieder ihren Platz als Minenversuchsschiff ein. Nach dem Krieg fand sie noch bis 1920 Verwendung als Mutterschiff für Minenräumfahrzeuge, wurde dann im November 1920 aus der Liste der Kriegsschiffe gestrichen und im April 1921 abgebrochen.

NAUTILUS und ALBATROSS – 1907/08

Vorbemerkung: NAUTILUS und ALBATROSS waren Schwesterschiffe. Entwicklung und Bau der beiden Schiffe beruhten auf Erkenntnissen, die aus dem Russisch-Japanischen Krieg 1904/05 gezogen worden sind. Ihre Bezeichnung als Minenkreuzer bezog sich auf ihren geplanten taktischen Einsatz. Sie wurden der Hochseeflotte zugeordnet, um im Falle eines taktischen Rückzuges hinter der Flotte Minensperren aufzubauen, die die gegnerischen Schiffe an einer Verfolgung der eigenen Kräfte hindern sollten. Außerdem sollten sie Offensivsperren auf den Zufahrten zu feindlichen Häfen legen.

Die SMS NAUTILUS (II) wurde von 1905 bis 1907 auf der Schiffswerft AG Weser in Bremen – Gröpelingen gebaut, und am 19.03.1907 in Dienst gestellt. (NAUTILUS [I] war ein Kanonenboot der Kaiserlichen Marine von 1873 bis 1896).

Bei dem erfolgten Umbau von NAUTILUS in den Jahren 1909/10 wurde das Heck verlängert, um beim Minenwurf eine Beschädigung der Schrauben zu verhindern. Bis zum Beginn des Krieges 1914 diente das Schiff zuerst als Minenschulschiff und wurde dann als Minenleger (klassifiziert als Minenkreuzer) eingesetzt. Außerdem leistete es Patrouillendienst beim Küstenschutz.

Über Einsätze des Schiffes ist nichts bekannt. Am 21.03.1919 wurde es aus der Liste der Kriegsschiffe gestrichen, diente dann noch als Lagerschiff und als Hulk, bis es verkauft und 1928 in Kopenhagen verschrottet wurde.

Die NAUTILUS als Postkartenmotiv.

Das Schwesterschiff, SMS ALBATROSS, wurde bekannt durch ihr bewegendes Schicksal. Die Indienststellung erfolgte im Mai 1908 in Cuxhaven. Sie wurde einem Manöver-Geschwader[42)] zugestellt und musste bereits 1911, nach einem Ramming des Dampfers HAMBURG, zur Reparatur in die Werft. Mit Beginn des Krieges lag die ALBATROSS in der Jademündung in Bereitschaft. Am 24. August 1914 erhielt sie Befehl, unter dem Schutz des Kleinen Kreuzers STUTTGART und der 11. Torpedobootshalbflottille, zur Ostküste Englands vorzustoßen und in der Tynemündung eine Offensivminensperre zu legen. Es gelang ihr den Auftrag zu erfüllen. 200 Minen bildeten danach eine 11 sm lange Sperre. Der Einsatz erfolgte ohne Feindberührung in der Nacht zum 26.08.1914.

Als im August 1914 der Kleine Kreuzer SMS MAGDEBURG verloren ging und die Russische Marine in den Besitz von deutschen Signalbüchern kam[43)], konnten die Russen deutsche Funksprüche mithören und waren somit auch über die Operation der Kaiserlichen Marine vom 30. Juni 1915 informiert. Ziel dieser Operation war die Verminung von Teilen des Finnischen Meerbusens.

Beteiligt waren der Große Kreuzer SMS ROON, die Kleinen Kreuzer SMS AUGSBURG und SMS LÜBECK (gesichert von je einem Torpedoboot) sowie SMS ALBATROSS – gesichert von fünf Torpedobooten. Nach einigen navigatorischen Problemen – es herrschte dichter Nebel – konnte die ALBATROSS 180 Minen nordöstlich und nordwestlich von Bogskär[44)] werfen.

Nach der Operation am 01.07.1915 teilte sich das Geschwader. Die AUGSBURG und vier Torpedoboote verblieben bei der ALBATROSS.

Durch abgehörte Funksprüche informiert, fing ein

russisches Geschwader die ALBATROSS und ihre Sicherung vor Gotland ab. Das russische Geschwader, bestehend aus den Panzerkreuzern ADMIRAL MAKAROW und BAJAN sowie den geschützten Kreuzern BOGATYR und OLEG, eröffneten sofort das Feuer. Nachdem auch noch der Schnelle Panzerkreuzer RJURIK hinzustieß, suchten die AUGSBURG und die vier Torpedoboote ihr Heil in der Flucht. Die ALBATROSS, deren Höchstgeschwindigkeit nur 20 Knoten betrug, blieb zurück.
Der weitere Verlauf des Gefechtes liest sich im 1. Band von »Die deutschen Marinen im Minenkrieg«[45] folgendermaßen:

»Allein auf sich gestellt, versuchte sie (die ALBATROSS) zwar noch, die rettende Küste des nahen Gotland zu erreichen. Sie wurde jedoch eingeholt und sah sich dem vernichtenden Feuer der Russen ausgesetzt. Lediglich mit 8,8 cm Geschützen bestückt, besaß sie keinerlei Chance, sich der Übermachte zu erwehren. Von 25 Granaten getroffen und bereits starke Schlagseite aufweisend, gelang es der auch mit dem Wassereinbruch kämpfenden Besatzung der „Albatros", zwischen der dem Festland vorgelagerten Insel Östergarns Holm und der Ostküste Gotlands hindurchlaufend, schwedisches Hoheitsgewässer zu erreichen. Obwohl sich das Schiff bereits in der Dreimeilenzone befand, ließen die Russen erst dann von der „Albatros" ab, als der Panzerkreuzer „Roon" und der Kleine Kreuzer „Lübeck" zur Hilfe eilten und von Süden her die Panzerkreuzer „Prinz Adelbert" und „Prinz Heinrich" zur Unterstützung herangelaufen kamen. Um das Sinken der schwer getroffenen „Albatros", die sich immer mehr überlegte, zu verhindern und die Besatzung zu retten, wurde das Schiff am 02. Juli 1915 an der schwedischen Küste auf den Strand gesetzt. 27 Besatzungsmitglieder waren durch den Beschuß getötet und 49 verwundet worden. Die Überlebenden wurden bis Dezember 1918 in Schweden interniert.«
Die ALBATROSS wurde von den Schweden am 23. Juli 1915 nach Farö geschleppt und im Dezember 1918 an Deutschland zurückgegeben. Am 31.12.1918 machte es in Danzig fest, wurde im März 1921 aus der Liste der Kriegsschiffe gestrichen und danach in Hamburg abgebrochen.

BRUMMER und BREMSE – 1916

Die Schwesternschiffe wurden am 02. April bzw. 01. Juli 1916 in Dienst gestellt. In der einschlägigen Literatur werden sie als Kleine Kreuzer, Minenleger, Minendampfer oder Minenkreuzer bezeichnet. Es scheint angebracht, sie ebenso wie NAUTILUS und ALBATROSS als Minenleger zu klassifizieren und den Begriff Minenkreuzer zu akzeptieren. Vergleicht man die Bewaffnung mit der von NAUTILUS und ALBATROSS, so ist diese enorm gewachsen. Vier Schnellfeuerkanonen von 15 cm, zwei 8,8 cm und zwei Torpedorohre sowie eine Zuladung von 400 Minen unterscheiden sie doch sehr stark. Bei ihren operativ-taktischen Einsätzen sind sowohl Minenoperationen als auch erfolgreiche Vorstöße gegen Geleitzüge zu verzeichnen. So z.B. der gemeinsame Einsatz am 17.10.1917 gegen

Minenübernahme auf SMS BREMSE. (Foto: Wikipedia gemeinfrei)

Zeitgenössische Darstellung auf einer Postkarte.

SMS BREMSE.

die Konvois zwischen Bergen (Norwegen) und den Shetlandinseln. Dabei versenkten sie die britischen Zerstörer HMS STRONGBOW und HMS MARY ROSE sowie neun skandinavische Frachter. Spätere Einsätze blieben allerdings erfolglos.
Nach wenigen Mineneinsätzen in der Deutschen Bucht wurden beide Schiffe im November 1918 in die Ostsee kommandiert und in Swinemünde außer Dienst gestellt. Ihre Überführung nach Scapa Flow endete am 21. Juni 1919 mit der Selbstversenkung der dort internierten deutschen Flotte.

Bottrop-Klasse (370) – 1943/45

Korrekt betrachtet sind die beiden Minenleger der Bottrop-Klasse keine reinen deutschen Schiffe. Da aber seit 1916 nach den beiden Minenkreuzern SMS BRUMMER und BREMSE keine Minenleger mehr gebaut worden sind (auch die KM stellte keine in Dienst), sollten die Minenleger der Bundesmarine näher betrachtet werden.
Im August 1960 erwarb die BRD von der U.S. Navy drei ehemalige Landungsschiffe der LST-542-Klasse. Diese schon etwas betagten Schiffe wurden be-

reits am 21.10.1944, 26.01. und 28.03.1945 für den Einsatz im Pazifik in Dienst gestellt. Sie wurden in Pearl Harbor stationiert und brachten Truppen und Ausrüstungen nach Japan und den Philippinen. Nach Beendigung des Krieges wurden

- USS GREER COUNTY (LST-799) am 22.04.1946,
- USS SALINE COUNTY (LST-1101) am 06.06.1946 und
- USS RICE COUNTY (LST-1089) am 16.08.1946

außer Dienst gestellt.

Mit Ausbruch des Korea-Krieges wurden sie im Juni bzw. August 1950 wieder aktiviert. Sie transportierten südkoreanische Truppen und Ausrüstungen entlang der koreanischen Küste, verlegten Kriegsgefangene aus Koje Do[46)] nach Pusan und operierten rund um Korea und Japan.

LST-799 erhielt über 10 militärische Auszeichnungen für ihre Einsätze im Zweiten Weltkrieg und im Korea-Krieg; *LST-1089* erhielt vier und *LST-1101* sechs verschiedene Kriegsauszeichnungen. Nach dem Koreakrieg wurden die drei Landungsschiffe weiterhin aktiv im Pazifik militärisch genutzt und am 01.11.1960 aus der Liste der Kriegsschiffe gestrichen.

Am 27.06.1961 trafen die drei Schiffe in Wilhelmshaven ein. Der Umbau von *LST 1101* und *LST 1089* zu Minenlegern wurde von MWB (Motorenwerke Bremerhaven – Schiffs- und Schiffsmotoreninstandsetzungsbetrieb) vorgenommen. Ex *LST-1101* wurde am 06.02.1964 in Dienst gestellt und erhielt den Namen BOTTROP, Kennung: *N 121*. Ex *LST-1089* folgte am 09.04.1964 und wurde auf BOCHUM mit der Kennung *N 120* getauft.

Es gab auf den Schiffen drei Decks mit Minenschienen: Das Oberdeck mit sechs Gleissträngen, das Zwischen- und das Plattformdeck mit je vier Gleissträngen. Vom Oberdeck konnten achtern an zwei Wurfstellen Minen geworfen werden und ebenfalls vom Zwischendeck aus zwei Heckwurfstellen. Zwischen den Decks gab es eine Aufzugverbindung, sodass Minen sowohl vom Oberdeck als auch vom Zwischendeck eingesetzt werden konnten.

Der Umbau von USS GREER COUNTY (*LST-799*) begann bei der Jadewerft in Wilhelmshaven und wurde Mitte der 1960er Jahre abgebrochen und das Schiff beim Marinearsenal in Wilhelmshaven aufgelegt. Vorgesehen war der Name BAMBERG mit der Kennung *N 122*. Der Grund des Abbruchs ist nicht bekannt. Im Juli 1970 ging das zu 60% fertiggestellte Schiff an eine Firma in Holland.

BOTTROP und BOCHUM dienten im 1. Minenschiffgeschwader bzw. Minenlegergeschwader bis September 1971. Im Dezember 1972 verkauft an die Türkei, erhielten sie dort die Namen BAYRAKTAR (ex BOTTROP) und SANCAKTAR (ex BOCHUM).

Landungsschiffe der LST-542-Klasse.

Die BOTTROP.

Minenleger BOTTROP der Bundesmarine im Nord-Ostsee-Kanal. (Foto: Sammlung Karr)

Minenleger BOCHUM. (Foto: Sammlung Karr)

Ex USS GREER COUNTY (LST-799)*, während der Überfahrt nach Deutschland führten alle drei Landungsschiffe A-Kennungen:*

- *o BOTTROP* – A 1405
- *o BOCHUM* – A 1404
- *o BAMBERG* – A 1403 *(nicht in Dienst gestellt) (Foto: Bundeswehr/Marine)*

Minenleger				
Schiffstyp	**PELIKAN**	**NAUTILUS / ALBATROSS**	**BRUMMER / BREMSE**	**Bottrop-Klasse**
Bauzeit	1890	1907/1908	1916	1943/1945
Umbau	1895	-	-	1961/1964
Im Dienste bis	1921	1919/1921	1919	1971
Tonnage, BRT	1821	1693/1780	4385 ts	4140 ts
Länge	84,2 m	98/101 m	140 m	101 m
Breite	11,7 m	11,2 m	13,2 m	15,3 m
Tiefgang	5,2 m	4,5 m	6,0 m	4,0 m
Maschinenanlage	2 Exp 2-Zyl.	2 Exp 3-Zyl.	2 Satz Dampf-turbinen	2 GM DM
Gesamtleistung	2206 kW	4854 kW	24.271 kW	1876 kW
Geschwindigkeit	15 kn	20 kn	28 kn	11 kn
Fahrbereich	4200 sm bei 10 kn	3550 sm bei 9 kn	5800 sm bei 12 kn	15.000 sm bei 9 kn
Bewaffnung	4x8,8 cm SK	8x8,8 cm SK, 4x2 cm Flak ab 1918	4x15 cm SK, 2x8,8 cm SK, 2xTR	6x4 cm Flak
Seeminen	400	391/288	400	790 m Minenschienen
Besatzung	8/187	201/208	309	60

Minentransporter

Nicht ganz einfach. So wurde z.B. die PELIKAN zeitweise in der Kaiserlichen Marine als Minentransporter bezeichnet, wobei sie eindeutig Minenlegeaufgaben geleistet hat. Ähnlich der Minentransporter RHEIN (1867): erst Transporter (1867), dann Streuminendampfer (1883), Minenschulschiff (1888), Minenversuchsschiff (1896), 1911 aus der Liste der Kriegsschiffe gestrichen und Einsatz als Schul- und Werkstatthulk für Minensucher. Dieses Beispiel macht deutlich, wie nach Wegen zur Beherrschung der Minentechnik gerungen wurde.
Wie bereits erwähnt, hatte die Kriegsmarine keine regulären Minenleger in Dienst gestellt. Dazu nutzte sie Minenschiffe – umgerüstete zivile Fahrzeuge. Aber sie ließ in den 1930er Jahren vier Minentransporter bauen. Diese waren mit Minenschienen und Ladekränen ausgerüstet. Wurfeinrichtungen fehlten: LAUTING, RHEIN, OTTER und IRBEN.

Rhein-Klasse – 1934

Zwei der Minentransporter der Rhein-Klasse wurden 1934 in den Stettiner Oderwerken gebaut und erhielten die Namen RHEIN und LAUTING. Zugeordnet wurden sie dem Sperrzeugamt Wilhelmshaven und im August 1943 dem Führer der Minenschiffe unterstellt. Im gleichen Monat wurde die RHEIN zum Minenlegen umgerüstet. Ein dritter Minentransporter entstand bei F. Schichau, Elbing – ebenfalls 1934.
Dieses Schiff erhielt den Namen OTTER und wurde dem Sperrzeugamt Cuxhaven zugeordnet. Ab 1943 wurde sie, wie die beiden anderen Transporter, dem Führer der Minenschiffe unterstellt.
Alle drei Schiffe haben die gleichen Schiffsdaten.
Ihre Hauptaufgabe bestand darin, die benötigten Minen zu den Häfen und Schiffen zu transportieren. Mit Hilfe von vier Ladebäumen konnten an den vorgesehenen Orten bis zu 370 Minen übergeben werden.
Hervorzuheben ist der Einsatz der OTTER. Nachdem sie nach Kriegsbeginn Minenlegeunternehmen in der Nordsee unterstützte, wurden 1941 ihre Aufgaben in die Ostsee verlegt, Schwerpunkt Finnischer Meerbusen. 1943 erfüllte sie Versorgungsaufgaben auf der Route Kiel–Narvik, Nordkap (Nordnorwegen). Als bei dem Seegefecht vor dem Nordkap vom 25. bis 26. Dezember 1943 die SCHARNHORST verloren ging, hatte anschließend die OTTER die traurige Aufgabe, die gefallenen und geborgenen Leichen der SCHARNHORST nach Kiel zu bringen. 1944 lief der Transporter bei schlechter Sicht und Schneetreiben auf einen Felsen und musste nach Narvik ins Dock.
Im Frühjahr, wieder in der Ostsee, versorgte sie von Reval (heute Tallinn) aus Küstenbatterien sowie Munitionsdepots am Nordrand des Finnischen Meerbusens mit Nachschub.

»Am Nachmittag des 20. Juni 1944 wurden die Militäranlagen auf der finnischen Insel Kirkonmaa bei Kotka am Nordrand des Finnischen Meerbusens von 18 sowjetischen P-2-Kampfflugzeugen bombardiert. Die OTTER war am Vortag mit einer Ladung von 200 Minen eingetroffen, deren Entladung gerade beendet war. Eine der Bomben traf auf die vor dem Munitionsbunker aufgereihten Minen und löste eine Kette von Explosionen aus, die das Minendepot erreichte und in einer gewaltigen Explosion vernichtete. Die an der Pier liegende OTTER erhielt keinen direkten Treffer, wurde aber durch die Explosion so schwer beschädigt, dass sie mit starker Schlagseite auf Grund ging. Zwar versuchte man in der Folge, das Schiff wieder in Fahrt zu bringen, aber es musste schließlich beim Rückzug der Wehrmacht aus Finnland aufgegeben werden: am 14. September zündete ein deutsches Kommando eine Wasserbombe im Maschinenraum, die den Schiffsboden aufriss. Das Wrack wurde 1949, nach vergeblichem Bergungsversuch, in tieferes Wasser etwa 500 m nordöstlich der Mole geschleppt und ... gesprengt.«[47)]

Schlachtflugzeug Pe-2. (Foto: Pe-2: World War II Wiki)

Die anderen beiden Minentransporter, die RHEIN und die LAUTING, überstanden den Krieg und gingen als Beute an die USA und dienten bis Dezember 1947 im GMSA.

Die RHEIN ging dann im Mai 1949 an die Hamburger Reederei Leonhardt & Blumberg. Die Reederei ließ das Schiff zum Frachtschiff umbauen und gab ihr den neuen Namen KLAUS LEONHARDT. Kurz danach, im Februar 1950, wurde es an die Hamburger Reederei Johannes Ick verkauft, wo es den Namen UHLENHORST erhielt. Im August 1964 wurde das Schiff abgebrochen.

Die LAUTING wurde im Januar 1948 an die HAPAG (Hamburg-Amerikanische Paketfahrt – AG) verkauft und fuhr als Frachtschiff in der Nord- und Ostsee. Ihr Lebensweg ging über weitere Reedereien, bis sie 1969 als KADIANI bei der griechischen Reederei Spannogiannakis im März 1969 Schiffbruch erlitt und beim Kap Flamborough Head (Halbinsel an der Nordseeküste von Yorkshire – England) versank.

Ex RHEIN, als Frachtschiff der Reederei Leonhardt & Blumberg, Mitte 1949.

IRBEN – 1936

Der Minentransporter IRBEN hat die gleichen Schiffsdaten wie die Rhein-Klasse, unterscheidet sich aber äußerlich in den Aufbauten und in der geringeren Transportfähigkeit von nur 240 Minen. 1936 in Dienst gestellt, wurde sie ebenfalls bei F. Schichau gebaut und sollte die 1934 in Dienst gestellten Schiffe ergänzen.

Bis April 1943 unterstand sie, gemeinsam mit der OTTER, dem Marine-Sperrzeugamt Cuxhaven und wurde dann dem Führer der Minenschiffe zugeordnet. Ihr aktiver Einsatz erfolgte hauptsächlich im Ostseeraum und ihren Zugängen.

Bei einem Angriff von 700 Flugzeugen der 8. US-Luftflotte am 03.04.1945 auf Kiel wurde die IRBEN versenkt und später abgebrochen.

Sachsenwald-Klasse (762) – 1969

Beide Schiffe der Sachsenwald-Klasse wurden im August 1969 in Dienst gestellt und waren sowohl als Minentransporter als auch als Minenleger konstruiert. Womit dann auch die inzwischen sehr in die Jahre gekommenen Schiffe der Bottrop-Klasse unterfangen werden konnten. Die Beladung in beiden Richtungen erfolgte mit Hilfe von vier Bordkränen und entsprechenden Aufzügen. Versorgt werden konnten gleichzeitig bis zu vier Minensuch- oder Schnellboote innerhalb einer Stunde. Die Anzahl der in den unteren vier Plattformdecks zu lagernden Minen ist bis heute geheim gehalten worden. Beide Schiffe waren in der Lage, gemeinsam mit den in Dänemark vorhandenen Minenmitteln die Zugänge zur Ostsee so zu verminen, dass ein Ausbruch maritimer Kampfmittel durch den Kattegat bzw. Skagerrak kaum möglich war, zumindest aber sehr stark behindert werden konnte. Einige Veröffentlichungen sprechen von bis zu 5000 Minen pro Schiff – was anzuzweifeln wäre.

Die Transporter verfügten achtern über vier Minenwurfablaufbühnen, die verschlossen werden konnten. Über diese Abwurfeinrichtungen konnten jederzeit selbständig Minensperren gelegt werden. Im Mittelpunkt stand jedoch das Nachladen, welches intensiv geübt wurde.

Eine weitere Aufgabe stellte sich gegen Ende der 1980er Jahre:

> »... Trotzdem wurden auch Aufklärungsfahrten in die östliche Ostsee unternommen, dabei hat die STEIGERWALD 1988 einen russischen Torpedo ergattert. Dieser Coup führte zu einer spektakulären Verfolgungsjagd durch mehrere russische Einheiten, darunter ein Krivak [siehe Foto], und endete mit freundlich-unmartialischer Rückgabe des Diebesguts in See nach Intervention der höheren Führung – die politischen Entwicklungen in der UdSSR waren dort eben nicht unbemerkt geblieben. ...«[48)]

In den 1980er Jahren wurden beide Schiffe umgebaut. Die Brücke wurde verändert, ein ESM-Raum (Elektronische Schutzmaßnahmen) aufgebaut und zwei 20-rohrige Düppelwerfer vom italienischen Typ Breda zusätzlich installiert.

Am 26.09.1991 wurde die SACHSENWALD und am 04.11.1993 die STEIGERWALD außer Dienst gestellt.

Eine Fregatte der Krivak-Klasse, hier die SADORNYY – 1988 – »jagt« die STEIGERWALD. (Foto: LT. AZZOLINA / gemeinfrei)

Die Minentransporter SACHSENWALD (re) und STEIGERWALD (li) während ihrer Bauzeit. (Foto: Sammlung Karr)

Die Minentransporter SACHSENWALD.

Die SACHSENWALD mit Minensuchbooten der Schütze-Klasse (Klasse 340) bei einer Nachladeübung. V.l.n.r.: POLLUX, SPICA, MARS, SIRIUS. (Foto: Georg van Brakel)

Minentransporter			
Schiffstyp	**Rhein-Klasse**	**IRBEN**	**Sachsenwald-Klasse**
Bauzeit	1934	1936	1966–1969
Umbau	-	-	1980er Jahre
Im Dienst bis	1944–1969	1945	1993
Tonnage	1252 t	1158 t	3850 BRT
Länge	56,7 m	56,7 m	110,7 m
Breite	10,4 m	10,4 m	14 m
Tiefgang	4,4 m	4,4 m	4,2 m
Maschinenanlage	4-Zyl. DM	4-Zyl. DM, 1941: 6-Zyl. DM	2/16-Zyl. DM
Gesamtleistung	331 kW	331 kW	4120 kW
Geschwindigkeit	9,5 kn	9,5 kn	17 kn
Fahrbereich	3000 sm bei 9 kn	3000 sm bei 9 kn	?
Bewaffnung	4x2 cm Falk	4x2 cm Flak	2x4 cm Flak
Seeminen	370	240	?
Besatzung	43	40	65

Minenschiffe (Auswahl)

Zur Erinnerung: Die Kriegsmarine verstand unter Minenschiffen ausschließlich umgebaute zivile Handels- oder Passagierschiffe bzw. auch Fähren. Um die Übersicht zu behalten, wird im Folgenden diese Sichtweise auch auf die Kaiserliche und die Reichsmarine angewandt.

Die Nutzung vorhandener Tonnagen für den Transport von Minen bzw. zum Legen von Minensperren lag auf der Hand. Die militärischen baulichen Anforderungen ließen sich schnell umsetzen. Platz für Minen, Schienen auf die Decks und eine leichte Bewaffnung, vorrangig zur Luftabwehr, ließen sich schnell realisieren. Ein Neubau würde nicht nur Werftkapazitäten binden, sondern auch zusätzliches Rüstungsmaterial verbrauchen, welches anderswo dringend gebraucht wurde. Andererseits wurde damit Schiffsraum genutzt, der ansonsten in Zeiten kriegerischer Auseinandersetzungen an den Piers vergammeln würde.

Die Anzahl der so genutzten Schiffe stieg während der beiden Weltkriege ständig. Während im Zeitraum 1914 bis 1918 etwa 15 große Minenschiffe genutzt wurden, waren es von 1939 bis 1945 über 60. Es gibt über diese Schiffe viele veröffentlichte Berichte über heldenhafte Einsätze und tragische Schicksale. Hier können nur ein paar typische Schiffe, willkürlich ausgewählt, vorgestellt werden:

Kaiser – 1905

Die HAPAG stellte die KAISER am 10.09.1905 auf der Linie Hamburg–Helgoland–Sylt/Norderney in Dienst. Unmittelbar mit Kriegsausbruch wurde die KAISER von der Kaiserlichen Marine am 04.08.1914 requiriert und zum Hilfsminenschiff umgebaut. Nach dem Umbau konnten 200 Minen transportiert bzw. gelegt werden. Kaiser Wilhelm II soll den Umbau mit gerunzelter Stirn gebilligt haben, da er das Schiff in der Vergangenheit des Öfteren bei Fahrten auf der Nordsee genutzt hatte.

Bekannt geworden ist der gemeinsame Einsatz mit SMS ALBATROSS und SMS NAUTILUS zum Legen einer großen Minensperre zum Schutz der Ems-Mündung zwischen Helgoland und Borkum. Gedeckt wurde diese Operation durch mehrere Kreuzer und Torpedoboote sowie Marineluftschiffe und Flugzeuge. Wegen der geringen Geschwindigkeit des Schiffes wurde es nur noch selten für aktive Minenoperationen eingesetzt. Gegen Ende des Krieges fungierte die KAISER als Flaggschiff der Vorpostenflottille Elbe (vormals Hafenflottille Elbe, seit 01.06.1917 Vorpostenflottille).

1919 ging die KAISER an Großbritannien, wurde aber dort nicht genutzt und konnte im September 1921 von der HAPAG zurückgekauft werden.

Bereits 1938 war das Schiff wohl schon im Besitz der KM, denn es wurde als Wohnschiff der KM in Hamburg geführt und am 28.08.1939 als Minenschiff in Dienst gestellt. Sie erhielt ein 8,8-cm-Ge-

schütz und konnte bis zu 180 Minen aufnehmen. Zeitweise hatte Carl Kircheiß[49)] das Kommando. Ab 1943 wurde es als Versuchsschiff genutzt.
1945 ging die KAISER zum zweiten Mal an England, am 22.08.1946 als sowjetische Beute an die UdSSR und 1947 an die VR Polen. Dort wurde es von 1949 bis 1950 als BENIOWSKI Schulschiff der polnischen Marine und anschließend Ausbildungs- und Wohnschiff. 1954 erfolgte der Abbruch.

Passagierschiff KAISER.

DEUTSCHLAND und PREUSSEN – 1909

Die beiden Fährschiffe wurden auf der Grundlage des Vertrages zwischen dem Deutschen Reich und Schweden zur Einrichtung einer Fährverbindung gebaut. Sie wurden ab 1909 auf der Fährlinie Sassnitz–Trelleborg, der sogenannten »Königslinie«[50)], eingesetzt.
So wie KAISER wurden auch die beiden Fährschiffe im August 1914 zu Hilfsminenleger umgebaut.
Die DEUTSCHLAND wurde vorrangig in der Ostsee zum Legen von Defensivminensperren eingesetzt. Hervorzuheben ist ihre Beteiligung an den Offensivaktionen der Kaiserlichen Flotte. So z.B. bei den Vorstößen in die Rigaer Bucht vom 06.–09.08. und 16.–21.08.1915[51)] sowie ihr Einsatz in der Schlacht im Moon-Sund, dem Seegefecht zwischen deutschen und russischen Kräften am 17.10.1917[52)].
Nach 1918 fuhr die DEUTSCHLAND wieder als Fährschiff und wurde 1940 von der Kriegsmarine eingezogen. Es erhielt den Namen STRALSUND. Sein Einsatz war für das Unternehmen Seelöwe[53)] vorgesehen. Da »Seelöwe« abgesetzt wurde, nahm das Schiff unter seinem alten Namen DEUTSCHLAND von November 1940 bis September 1944 wieder den Fährverkehr zwischen Sassnitz und Trelleborg auf. Nach der Einstellung des Fährverkehrs nutzte die KM das Schiff als Transporter. Nach dem 08. Mai 1945 beteiligte sich die Fähre an der Rückführung deutscher Truppen aus Norwegen.
Im März 1946 ging die DEUTSCHLAND als Kriegsbeute an die Sowjetunion und erhielt dort den Namen ORION (Орион). 1948 wurde es nach Wladiwostok verlegt und in ANIVA (Анива) umbenannt. 1963 erfolgte der Abbruch.
Die PREUSSEN, stationiert in der Nordsee, war zwar umgerüstet, aber kaum eingesetzt worden. Am 15.10.1915 kollidierte das Torpedoboot *S 100* (Typ 1898) mit der PREUSSEN und sank. 39 Seeleute verloren ihr Leben.
Als im September und November 1922 auf Weisung von Lenin 225 sogenannte Intellektuelle unter der Losung »Langzeitige Säuberung Russlands« des Landes verwiesen wurden, hat man sie von der PREUSSEN aus Petrograd[54)] nach Stettin gebracht. An dieser Aktion, unter dem Begriff »Philosophenschiff« (Философский пароход), beteiligten sich weitere fünf Schiffe. So 1923 von Petrograd nach Riga und von Odessa nach Konstantinopel.
Am 29.04.1926 lag die PREUSSEN in einem Schwimmdock der Vulcan-Werft in Stettin. Das Seebäderschiff COBRA[55)] der HAPAG, welches am 14.01.1926 in der Werft vom Stapel gelaufen war, befand sich auf einer Werfterprobungsfahrt und kollidierte beim Einlaufen mit dem Schwimmdock. Die PREUSSEN legte sich von dem starken Aufprall auf die Backbordseite und wurde stark beschädigt.
Ende Januar 1929 verlor die PREUSSEN bei schwerem Eisgang beide Antriebsschrauben.
Am 10.12.1937 lief das Schiff vor Rügen bei einem starken Schneesturm auf Grund. 1500 t Meerwasser drangen ein. Die zwei Schlepper SEETEUFEL und SEEADLER konnten die PREUSSEN nicht bergen. Der aufkommende Sturm von Stärke 7 bis 8 verzögerte die Bergung, so dass es erst am 31.12.1937 angeschleppt und am 05.01.1938 an die Stettiner Oderwerke AG zur Reparatur übergeben werden konnte.
Während des Zweiten Weltkrieges verkehrte die PREUSSEN bis zum 26.09.1944 zwischen Sassnitz und Trelleborg. Danach setze die KM sie für Truppen- und Verwundetentransporte ein.
Nach Ende des Krieges ging sie am 21.03.1946 an

die Sowjetunion. Sie erhielt den Namen KRYLON, wurde modernisiert und als Passagierschiff genutzt. Nach 66 Jahren im Dienst ging die ex PREUSSEN 1975 außer Dienst. Einige Jahre diente sie dann noch im Osten als Wohnschiff unter dem Namen MORSKAJA I und wurde zum Hafenbau verwendet.

Fährschiff DEUTSCHLAND.

Fährschiff PREUSSEN.

KÖNIGIN LUISE I und II – 1934

Die Bezeichnung der beiden Schiffe mit I und II ist nicht exakt. Es gab davor schon eine KÖNIGIN LUISE – den Reichspostdampfer; Indienststellung am 16.03.1897, außer Dienst 1935. Da diese eigentliche I aber nicht für militärische Belange herangezogenen worden ist (außer, um 1913 Soldaten aus Tsingtau zu holen), sollte sie unbeachtet bleiben.
Die erste KÖNIGIN LUISE (benannt nach der Frau von Friedrich Wilhelm III.) war nach der KAISER das zweite Bäderschiff der HAPAG mit Turbinenantrieb und wurde am 29.09.1913 in Dienst gestellt. Bereits am 01.08.1914 begann der geringfügige Umbau zum Minenschiff, da bereits beim Bau des Schiffes 1912/13 ihr eventueller Einsatz vorausgeplant worden war (!). Sie wurde nur mit zwei 3,7-cm-Revolverkanonen ausgerüstet, um sie schnell zum Einsatz bringen zu können. Eine stärkere Bewaffnung war für später vorgesehen.
Mit 200 Minen an Bord lief die KÖNIGIN LUISE schon am 04.08.1914, praktisch nach nur drei Tagen Umrüstung (!), von Bremen aus Richtung Themsemündung und erfüllte den Auftrag. Die Aktion wurde von britischen Fischereifahrzeugen aus beobachtet. Diese informierten den britischen Leichten Kreuzer AMPHION. Vier Zerstörer (LANCE, LINNET, LANDRAIL, LARK) sowie die AMPHION nahmen die KÖNIGIN LUISE unter schweren Beschuss. Ein Entkommen war gegen diese Übermacht nicht möglich. Der Kommandant, Korvettenkapitän Biermann, ließ daraufhin die Seeventile öffnen und befahl das Schiff zu verlassen. Die brennende KÖNIGIN LUISE sank am 05.08.1914 um 12.22 Uhr als erstes Kriegsschiffsopfer auf deutscher Seite im Ersten Weltkrieg.
Aber: Beim Rückmarsch von 16 Zerstörern und des Leichten Kreuzers AMPHION, die ein Unternehmen in Richtung Deutsche Bucht fortgesetzt hatte, geriet die AMPHION am 06.08.1914 in das von der KÖNIGIN LUISE gelegte Minenfeld. Durch zwei Minen stark getroffen, sank die AMPHION innerhalb von 20 Minuten. Es war das erste britische Kriegsschiffsopfer im Ersten Weltkrieg.
Die zeitgenössische deutsche Berichterstattung sah folgendermaßen aus:

»Der Dampfer „Königin Luise“, welcher seither den Verkehr zwischen den Ostseebädern vermittelt hatte und aus diesem Grunde den Namen Bäderdampfer führte, war von der deutschen Regierung angekauft worden, um zu Kriegszwecken Verwendung zu finden. Mit allem möglichen Kriegsmaterial ausgerüstet und unter das Kommando des Korvettenkapitäns Biermann gestellt, dampfte die „Königin Luise“ wohlgemut auf England los und legte Minen in der Themse-Mündung. Bald von englischen Schiffen gesichtet und angegriffen, entspann sich ein Geschützkampf, bei welchem die „Königin Luise“ ihrer geringen Bestückung halber unterliegen mußte, doch auch der englische Kreuzer „Amphion“ geriet auf eine von der „Königin Luise“ gelegte Mine und versank in 20 Minuten, nur ein Teil der Besatzung konnte gerettet werden.«

Dampfer KÖNIGIN LUISE.

Die KÖNIGIN LUISE I, im Seebäderverkehr beim Aussetzen von Passagieren. Etwa Herbst 1913.

Die zweite KÖNIGIN LUISE lief am 10.04.1934 bei den Howaldtswerken, Hamburg vom Stapel und wurde am 01.07.1934 als Seebäderschiff in Dienst gestellt. Das Schiff konnte 2000 Passagiere befördern.

Im September 1939 übernahm die KM das Schiff. Es erfolgte die Umrüstung zum Minenschiff. Ab April 1940 kam die KÖNIGIN LUISE regelmäßig zum Einsatz. So z.B. bei der Verminung von Kattegat und Skagerrak, im Seegebiet zwischen den Shetlandinseln und dem Krossfjord (Spitzbergen) u.a.

Nach einem planmäßigen Werftaufenthalt wurde das Schiff im April 1941 in die Ostsee nach Gotenhafen (Gdynia) verlegt und wurde im Finnischen Meerbusen aktiv.

Am 25.09.1941 lief die KÖNIGIN LUISE auf eine russische Mine und sank in der Nähe von Helsinki. 40 Seeleute ertranken. Der Verlust hätte eventuell vermieden werden können, wenn das Minengeleit (die R-Boote *R 57* und *R 54*) nicht vorzeitig entlassen worden wäre.

Minenschiffe – 1				
Schiffstyp	**KAISER**	**DEUTSCHLAND und PREUSSEN**	**KÖNIGIN LUISE I**	**KÖNIGIN LUISE II**
Bauzeit	1905	1909	1913	1934
Umbau	1914	1914	1914	1939
Im Dienst bis	1954	1963/1985	1914	1941
Tonnage/Vermessung	1916 BRT	2954 BRT	2160 BRT	2399 BRT
Länge	96,4 m	114 m	94 m	93,5 m
Breite	11,7 m	16 m	12,2 m	12,8 m
Tiefgang	3,0 m	4,9 m	3,3 m	3,6 m
Maschinenanlage	2 /Dampft.	2 /3-Zyl. Exp. M	2 DT	2 /6-Zyl. DM
Gesamtleistung	4413 kW	3677 kW	4781 kW	2647 kW
Geschwindigkeit	20 kn	16,5 kn	20 kn	16 kn
Fahrbereich	2380 sm bei 12 kn	?	?	4000 sm bei 16 kn
Bewaffnung	2x8,8 cm, 1944: 1x8,8 cm, 1x3,7 cm, 10x2 cm	4x8,8 cm, 10x2 cm, 1x3,7 cm	2x3,7 cm	2x8,8 cm, 1x3,7 cm, 2x2,0 cm
Seeminen	180/200	420	200	240
Besatzung	Max. 200	?	120	80

Die COBRA, genannt »Schwan der Nordsee« – 1926.

COBRA – 1926

Im Mai 1926 für die HAPAG in Dienst gestellt, wurde die COBRA im Seebäderdienst eingesetzt. Sie lief die Routen zwischen Hamburg, Cuxhaven, Helgoland und Sylt. Ihr weißer Anstrich und die elegante Linienführung des Schiffes gaben ihr den Namen »Schwan der Nordsee«.
Kurz vor Kriegsbeginn, am 26.08.1939, wurde die COBRA von der KM eingezogen und zum Minenschiff umgerüstet.
Zunächst legte sie Minen in der Nordsee und in der Deutschen Bucht. Während der Besetzung von Norwegen im April 1940 war sie am Werfen der Minen im Skagerrak und Kattegat, später an der Verlängerung der Westwallminensperre bis zu den Shetlandinseln beteiligt.
Von großer Bedeutung war der Einsatz der COBRA im August und September 1941 mit weiteren Minenschiffen (KÖNIGIN LUISE, KAISER, RIILAHTI) beim Legen der Minensperren »Juminda« im Finnischen Meerbusen. Ziel der Sperren war, den Schiffsverkehr zwischen Reval (Tallinn) und Kronstadt zu schädigen und die Kräfte der Baltischen Flotte einzuschließen.
Diese Sperren stellten den größten Minenerfolg des Zweiten Weltkrieges dar. Beim Rückzug der Baltischen Flotte der UdSSR aus der von der Wehrmacht am 27.08.1941 erreichten estnischen Hauptstadt Reval fielen diesen Sperren über 40 russische Kriegs- und Handelsschiffe zum Opfer. Angeschlagene Schiffe wurden durch die Luftwaffe vernichtet.
Bei einem Werftaufenthalt in Schiedam (Rotterdam) wurde die COBRA am 27.08.1942 von Bomben getroffen und kenterte. Das Wrack wurde abgebrochen.

Die Tragödie vor Öland 1941

Am 9. Juli 1941 kommt es in Höhe der Südspitze der schwedischen Ostseeinsel Öland zum Verlust von drei deutschen Minenschiffen.

HANSESTADT DANZIG – 1926

HANSESTADT DANZIG wurde am 14.07.1926 in Dienst gestellt. Sie fuhr als Passagierschiff beim Seedienst Ostpreußen[56] für den NDL. Es war der erste Neubau für den Seedienst. Sie bediente die Linie Stettin (heute polnisch: Szczecin) – Pillau (heute russisch: Baltijsk / Балтийск) – Königsberg (heute russisch: Kaliningrad / Калининград). Heimathafen war Swinemünde (Świnoujście).
Die HANSESTADT DANZIG war bereits beim Bau 1926 für einen eventuellen Kriegsfall projektiert. Eine offensichtliche Praxis beim Bau von Seebäderschiffen, die bereits 1912 praktiziert wurde. So konnte auch hier die Umrüstung zum Minenschiff im September 1939 zügig erfolgen.
Erster Kommandant für zwei Wochen war Hans Howaldt[57], U-Boot-Kommandant und Pour-le-Mérite-Träger des Ersten Weltkrieges, Olympiasieger und später Kapitän zur See.
Nach einigen Truppentransporten nach Kopenhagen und dem Legen von Minensperren in der Ostsee verließ die HANSESTADT DANZIG am 08.07.1941 Abo (Turku – Stadt an der Südwestküste Finnlands), um Swinemünde anzulaufen. In ihrer Begleitung: TANNEBERG, PREUSSEN und fünf R-Boote.

Einlaufend in Pillau.

8,8-cm-Geschütz auf der HANSESTADT DANZIG. (Foto: Bundesarchiv, Bild 101 II-MN 1564)

PREUSSEN – 1926

Die PREUSSEN wurde am 01.09.1926 ebenfalls als Passagierschiff des Seedienstes Ostpreußen in Dienst gestellt. Das Schwesternschiff der HANSESTADT DANZIG bediente die gleiche Linie. So wurde auch die PREUSSEN im September 1939 unmittelbar von der KM eingezogen und schnell umgerüstet.

Ihr Einsatz erfolgte u.a. im April 1940 beim Legen einer Sperre im Skagerrak. Dabei kollidierte sie mit dem Torpedoboot LEOPARD[58)], welches daraufhin am 30. April 1940 versank.

Anfang Juli 1941 geht die PREUSSEN mit 150 Minen an Bord von Swinemünde aus nach Abo (Turku) in See, wo sie unter Begleitschutz von vier R-Booten am 07.07.1941 eintrifft. Nach Abgabe der Minen schließt sie sich am 09.07.1941 dem nach Swinemünde zurücklaufenden Verband an.

Minenschiff PREUSSEN in Stettin. (Foto: Archiv Hans Lorenz)

TANNENBERG – 1935

Als dritter Neubau für den Seedienst Ostpreußen stellte das Turbinenschiff TANNENBERG am 12.08.1935 in Dienst. Die Passagier- und Autofähre konnte 2000 Gäste und etwa 100 Personenkraftwagen an Bord nehmen. Sie bediente von 1935 bis 1939 die Linie Schleswig-Holstein–Mecklenburg–Pommern–Ostpreußen und lief die Häfen bzw. Anlegestellen in Travemünde, Warnemünde, Binz, Swinemünde, Zoppot (Sopot), Pillau (Baltijsk) und Memel (Klaipėda) an.

Am 02.09.1939 von der KM eingezogen und umgerüstet, hatte sie gleich zu Anfang des Krieges an den Minensperrungen südlich vom Sund und Großen Belt aktiv mitgewirkt. Sie führte Handelskrieg in der Ostsee und war auch bei der Ausbildung von Seekadetten gefragt. Mitte Juli wurde die TANNENBERG für das Unternehmen »Seelöwe«[53)] bereitgestellt. Nach einer erneuten kurzen Umbauzeit (MES-Anlage) ist sie nur noch für Minenaufgaben eingesetzt worden.

Nach der Beteiligung am Legen von Sperren Anfang Juli 1941 nördlich von Dagö (Hiiumaa/Moonsund-Inseln)[59)] sowie zwischen Porkalle (bei Helsinki) und der Estlandküste wurde am 09.07.1941 auch der TANNENBERG die Rückführung nach Swinemünde befohlen …

Vorbemerkung: In der Nacht vom 20. zum 21.06.1941 wurde in der Ostsee auf der allgemeinen Linie Memel–Öland das dritte Teilstück der »Wartburg-Sperre« gelegt. Dabei ist vom westlichen Ende dieser Teilsperre bis zur Insel Öland eine Lücke geblieben. Schweden wurde gebeten, in seinem Hoheitsgebiet diese Lücke zu schließen, was es auch nach einigem Zögern am 28.06.1941 tat. Durch verschiedene Missgeschicke hat diese Meldung die Schiffe HANSESTADT DANZIG, PREUSSEN und TANNENBERG nicht erreicht. Und so liefen sie in ihr Verderben ...

Was dann am 09. Juli 1941 geschah, wurde sehr genau von Karl v. Kutzleben und weiteren Autoren in ihrem Buch »Minenschiffe 1939–1945« recherchiert und geschildert:

> »Als sich der Verband am 9. VII. 1941, 18.40 der Südspitze des Insel Öland nähert, kommt … Steuerbord voraus der *Tannenberg* ein schwedisches Kriegsschiff in Sicht … steuert bald darauf parallelen Gegenkurs und setzt den internationalen Antwortwimpel. Zu dieser Zeit steht das Boot schon etwas achterlicher als querab von der Dwarslinie der Minenschiffe. Es setzt dann das Signal „D Q“, das auf der *Tannenberg* irrtümlich entziffert wird mit: „Habe Feuer im Schiff, brauche Hilfe.“ Dieses Signal … wird von dem schwedischen Minensuchboot sehr schnell niedergeholt und ersetzt durch das Signal „R M“ mit der Bedeutung: „Voraus von ihnen Minen, drehen Sie nach Backbord, und warten Sie weitere Befehle ab.“

Auf der PREUSSEN explodiert die Munition.

Ehe dieses Signal im Signalbuch aufgeschlagen und das Signal „Halt“ gegeben werden kann, bekommen die *Preußen* und kurz darauf die *Tannenberg* je einen Minentreffer. Die *Preußen* dreht nach Backbord und sackt schnell über den Vordersteven ab. Es bricht starkes Feuer mit zahlreichen Detonationen aus. Das Schiff sinkt. Die *Tannenberg* ist im Vorschiff getroffen. Sie bleibt zunächst schwimmfähig. Die Maschine, die sehr schnell auf äußerste Kraft zurückgegangen war, hat wegen bestehender Explosionsgefahr Feuer aus gemacht. Das Schiff wird von zwei Räumbooten in Schlepp genommen. Während dieses Manövers erhält es einen zweiten Minentreffer mittschiffs. Es bekommt dadurch starke Schlagseite nach Steuerbord, schwimmt noch kurze Zeit und kentert am 9. VII. 1941 um 19.58. …

Die außerhalb der Minensperre fahrende *Hansestadt Danzig*, der die lichterloh brennende *Preußen* vor den Bug zu laufen droht, versucht sich wegen der drohenden Kollisionsgefahr über den Achtersteven von der Gefahrenstelle zurückzuziehen. Das Schiff erhält, als es bei dem Rückwärtsmanöver in die Sperre gerät, einen ... schweren Treffer, ...

Beide Motoren sind ausgefallen. Starke Explosionen und Brände stellen sich ein. Das Schicksal auch dieses Schiffes ist besiegelt. Es muss von der Besatzung verlassen werden.

Die Untergangsstelle der drei Minenschiffe ist vom Chef der 5. R.-Flottille angegeben worden auf 56° 15,5‘ N, 16° 43,5‘ O.«[60]

ULM (Schiff 11) – 1937

Das Schiff wurde auf der Danziger Werft als Kühlschiff unter dem Namen RAPIDE im Frühjahr 1938 für den NDL in Dienst gestellt. Der Krieg überraschte das Kühlschiff in Kamerun. Es überwand die britische Seeblockade und kehrte nach Hamburg zurück. Im Zweiten Weltkrieg gelang es einer kleinen Anzahl deutscher Handels- und Passagierschiffe, die in entfernten ausländischen Häfen überrascht worden sind, durch die anfangs noch recht durchlässige Blockade der Briten nach Deutschland zurückzukehren.

Am 18.03.1940 übernahm die KM das Schiff. Unter der Bezeichnung *Schiff 11* war es bereits im April 1940 östlich des Seeweges zwischen Dover und der Themsemündung im Einsatz.

Als am 31.07.1940 auf *Schiff 11* Feuer ausbrach, musste es für längere Zeit in eine dänische Werft zur Reparatur. Nach der Wiederindienststellung im September 1941 erhielt es den Namen ULM. Im Frühjahr war die ULM an Sperrunternehmen im Skagerrak, in norwegischen Gewässern und in der westlichen Nordsee eingesetzt.

Beim Unternehmen »Zar«, dem Legen von Minen nordwestlich von Nowaja Semlja, wurde die ULM am 25.08.1942 von drei britischen Zerstörern angegriffen. Ein Torpedo traf das Vorschiff, das Schiff explodierte und versank innerhalb von 150 Sekunden. 121 Seeleute verloren ihr Leben, 61 wurden gerettet.

Minenschiff ULM.

Minenschiffe – 2				
Schiffstyp	**COBRA**	**HANSESTADT DANZIG und PREUSSEN**	**TANNENBERG**	**Schiff 11 / ULM**
Bauzeit	1926	1926	1935	1938
Umbau	1939	1939	1939	1940
Im Dienst bis	1942	1941	1941	1942
Tonnage/Vermessung	2132 BRT	~ 2450 BRT	5504 BRT	3071 BRT
Länge	82,4 m	85,4 m	129,5 m	102,5 m
Breite	12,2 m	11,7 m	15,5 m	13,9 m
Tiefgang	2,97 m	4,5 m	7,6 m	6,4 m
Maschinenanlage	2 Turbinen	2x10-Zyl. DM	2 Turbinen	1x6-Zyl. DM
Gesamtleistung	2648 kW	4700 kW	8826 kW	2905 kW
Geschwindigkeit	17 kn	16 kn	20 kn	16 kn
Fahrbereich	2180 sm bei 17 kn	2000 sm bei 16 kn	2000 sm bei 20 kn	11.000 sm bei 10 kn
Bewaffnung	2x8,8 cm, 1x3,7 cm, 2x2 cm	2x8,8 cm, 4x3,7 cm, 6x2 cm	3x15 cm, 4x3,7 cm, 6x2 cm	1x10,5 cm, 1x3,7 cm, 4x2 cm
Seeminen	150	360	460	355–482
Besatzung	200	200	114	200

Minenleger-U-Boote

Entstehung, Entwicklung und Bau der ersten U-Boote, besser: Tauchboote, sind vielfach beschrieben und aufgezeichnet worden. Im Folgenden werden nur die Boote bzw. Bauserien näher betrachtet, die zum Minenlegen ausgerüstet waren.

Mit dem Ersten Weltkrieg entwickelte sich die U-Boote-Waffe zu einem immer gefährlicheren Instrument der Seekriegsführung. Es lag auf der Hand, U-Boote nicht nur zur Bekämpfung von Überwasserzielen mittels Torpedos und Artillerie, sondern auch zum Legen von Minen einzusetzen. Insbesondere zum Einsatz in den Gebieten, die von anderen Minenlegekräften nur schwer oder überhaupt nicht erreichbar waren.

U-Boote konnten unbemerkt in vom Gegner beherrschte Seegebiete vordringen. Allerdings ist die Minen-Kapazität, das Fassungsvermögen von Minen bei U-Booten sehr eingeschränkt. Während z.B. im September 1939 von den Minenschiffen COBRA und ROLAND an einem Tag 666 Minen geworfen werden konnten (Sperre »Martha H«, 04.09.1939), fasste ein Boot der Klasse XB (1941) maximal 66 Minen. Es wären theoretisch 10 Boote für die gleiche Sperre erforderlich gewesen, es gab aber nur acht, die jedoch für so eine Aufgabe nicht vorbereitet waren. Hinzu wären die kaum zu bewältigenden navigatorischen Probleme gekommen.

Die ersten UC II-Boote (1915) fassten 18 Minen und der UE I-Typ (1915) immerhin 38 Minen plus zwei Torpedorohre.

Anfangs wurden Ankertauminen über Minen-Schächte in den Booten bzw. über spezielle Minenausstoßrohre verlegt. Bereits im Zweiten Weltkrieg konnte die Verlegung von speziell hierfür entwickelten Grund- und Ankertauminen über die Torpedorohre (sog. Torpedominen) erfolgen. Heute wird diese Funktion ausschließlich über die Torpedorohre bzw. spezielle äußere Minengürtel sichergestellt.

Der serienmäßige U-Boot-Bau in Deutschland für die Kaiserliche Marine begann mit der Auftragserteilung des Reichsmarineamtes an die Germania-Werft. Am 03.12.1904 erhielt die Werft den Auftrag, ein U-Boot zu bauen. Grundlage bildete das zuvor dort gebaute und erprobte Versuchsboot FORELLE. Aber den entscheidenden Anstoß gab die Bestellung von drei Booten durch Russland.

Am 14.12.1906 übernahm die Marine das erste U-Boot: *U 1*. In den folgenden Jahren entwickelte sich der U-Boot-Bau gegen viele Widerstände und wegen technischer Mängel nur zögerlich. So erwiesen sich die bis 1912 verwendeten Petroleummotoren bis *U 18* nur bedingt einsatzklar. Erst mit den folgenden Booten wurde ein wesentlicher technischer Fortschritt erreicht.

Hervorzuheben ist *U 21* unter Kapitänleutnant Otto Hersing. Dessen Zweihüllenboot[61)] wurde am

U 21 vorn rechts in Kiel. (Foto: Wikipedia, gemeinfrei)

22.10.1913 in Dienst gestellt. Er absolvierte elf Feindfahrten im Mittelmeer und versenkte 36 Schiffe mit 78.712 BRT. U.a. versenkte er:

- den Kreuzer HMS PATHFINDER am 05.09.1914
- das Linienschiff HMS TRIUMPH am 25.05.1915
- das Linienschiff HMS MAJESTIC am 27.05.1915 und
- den französischen Panzerkreuzer ADMIRAL CHARMER am 11.02. 1916.

Am 05.06.1915 wurde KL Hersing mit dem Pour le Mérite ausgezeichnet. Das Boot sank am 22.02.1919 auf der Auslieferungsfahrt nach Großbritannien.

Wie bereits erwähnt, rückte die Verwendung von U-Booten zum Minenlegen immer stärker in den Blickpunkt der taktischen Überlegungen. Die Umsetzung begann mit den UE I-Typ.

U-Boot-Minenleger, Typ UE I

Diese ersten Einhüllenboote[61)] ab *U 71* waren noch keine reinen Minenboote. Sie konnten neben den Minen über je ein Bug- und Heckrohr vier Torpedos einsetzen. Das Problem war jedoch, dass die Torpedorohre sich außerhalb des Druckkörpers befanden. Sie konnten nur im aufgetauchten Zustand des Bootes geladen und gewartet werden. Sie sollten nur zur Selbstverteidigung eingesetzt werden.

Die 38 trocken gelagerten UE-Minen wurden über zwei spezielle Ausstoßrohre im Heck verlegt. Da die Minen und Rohre sich achtern befanden, rückte der Maschinenraum in die Bootsmitte. Davor befand sich die Zentrale mit dem Turm und das vordere Drittel des Bootes bestand aus den Unterkünften für die Besatzung und darunter der Akkuraum. Das Ganze führte zur Toplastigkeit des Bootes. Der installierte Dieselmotor war zu schwach. All das führte bei rauer See zum Unterschneiden des Bootes.

Insgesamt wurden 10 Boote vom Typ UE 1 gebaut (*U 71* bis *U 80* / 1915–1916). Alle waren trotz ihrer Mängel im Einsatz und konnten beachtliche Erfolge erzielen. Sie konnten 73 Einsatzfahrten verbuchen und versenkten durch ihre gelegten Minensperren 126 Schiffe mit 260.800 BRT. Sieben gingen durch Selbstversenkung bzw. Feindeinwirkung verloren.

U 73 (in Dienst: 09.10.1915, Selbstversenkung bei Räumung von Pola am 30.10.1918).
Das Boot führte während des Ersten Weltkrieges neun Operationen durch (andere Quellen sprechen nur von zwei – Nordsee und Mittelmeer), überwiegend im östlichen Mittelmeer. Dabei wurden insgesamt 15 zivile Schiffe der Entente und neutraler Staaten mit einer Gesamttonnage von ca. 80.691 BRT versenkt. Zudem sanken drei feindliche Kriegsschiffe mit zusammen 28.350 BRT durch Minen, die von *U 73* gelegt worden waren.
Auf der Fahrt von Deutschland in die Adria legte es Ende April 1916 Minen vor Malta. Dort sank das britische Linienschiff RUSSEL (14.000 BRT) am 27. April 1916 nach einem Minentreffer. An diesem Tag lief auch die britische Sloop ASTURTIUM (1250 BRT) auf eine dieser Minen und sank. Am nächsten Tag folgte die britische Yacht AEGUSA (1242 BRT). Das bekannteste von *U 73* versenkte Schiff war das britische Passagierschiff/Lazarettschiff BRITANNIC mit 48.158 BRT. Es war das Schwesterschiff der TITANIC und das größte Schiff, das im Ersten Weltkrieg versenkt wurde. Es fuhr am 21.11.1916 in der Straße von Kea (Ägäis) höchstwahrscheinlich auf eine Mine, die von *U 73* stammte. Dabei kamen etwa 30 Menschen ums Leben. Wenige Tage zuvor, am 14.11.1916, war bereits der französische Truppentransporter BURDIGALA – die ehemalige KAISER FRIEDRICH – mit ca. 12.000 BRT im selben Seegebiet durch eine solche Mine versenkt worden. Ein weiterer Erfolg gegen ein Kriegsschiff gelang am 03.01.1917, als das russische Linienschiff PERESWET etwa zehn Meilen von Port Said (Ägypten) entfernt auf eine Mine lief. Damit waren mehrere große bis sehr große Schiffe durch von *U 73* gelegte Seeminen versenkt worden. Der damalige Kommandant, Gustav Sieß, erhielt 1917 das Eiserne Kreuz erster Klasse und im April 1918 den Pour le Mérite (laut Wikipedia). Das Boot wurde nach der Räumung von Pola am 30.10.1918 selbst versenkt.

U-Boot-Minenleger, Typ UE II

Für die Typisierung »UE II« wurden oft auch die Bezeichnungen »Großes Minen-U-Boot« oder »U-Minenkreuzer (Pr. 45)« verwendet. Die Notwendigkeit, neue Minen-U-Boote zur Verfügung zu stellen, ergab sich daraus, dass die Seetauglichkeit der UE I-Boote zu wünschen übrig ließ und ihre Geschwindigkeit zu gering war. Hinzu kam, dass von den 10 Booten des Typs UE I 1917 vier bereits verloren waren und die restlichen sechs Boote Materialermüdungen aufwiesen.
Die Konstruktion der neuen Zweihüllen-Hochseeboote beruhte auf den in Entwicklung befindlichen Flotten-U-Booten *U 115* und *U 116*. Diese beiden Boote wurden aber bis Kriegsende nicht fertiggestellt und auf den Werften abgebrochen.
Beim Bau der zehn UE II-Boote, *U 117* bis *U 126*, wurde die Konstruktion des Vorschiffes von *U 115*/*U 116* unverändert übernommen. Das Heck musste vollkommen umgestaltet werden, damit der Minen-Lagerraum für 42 UC-Minen dort untergebracht werden konnte. Die Ausstoßrohre für die Minen befanden sich wie bei UE I im Heck. Außerdem befanden sich im Bug vier Torpedorohre für 50-cm-Torpedos. Im Druckkörper konnten neben den Minen vier Torpedos gelagert und geregelt werden. An Deck befanden sich druckfeste Staukästen, in denen entweder zusätzlich 30 Minen oder 10 Torpedos gestaut werden konnten.
Nennenswerte Erfolge konnten die Boote nicht mehr erreichen. *U 120* und *U 121* sowie die Boote *U 123* bis *U 126* kamen vor Kriegsende nicht mehr zum Einsatz. *U 118* versenkte auf einem Einsatz zwei Schiffe mit 10.440 BRT, und *U 119* wurde zwar noch eingesetzt, erzielte aber keine Erfolge. Hervorzuheben wäre nur *U 117*, welches auf seiner einzigen Einsatzfahrt vor der Ostküste der USA (08. bis 16. August 1918) 24 Schiffe versenkte. Vier Schiffe mit einem Torpedo, drei durch Einsatz des Deckgeschützes, und vier durch das Anbringen von

Sprengsätzen. Durch gelegte Minensperren vor Barnegat Light (New Jersey, etwa 90 km östlich von Philadelphia), am Feuerschiff Fenwick Island (etwa 85 km südöstlich von Dover) und vor Cape Hatteras – Nord Carolina. Diesen Sperren fielen der Frachter SAN SABA, das Frachtschiff USS SAETIA sowie weitere elf Schiffe zum Opfer.

Schlachtschiff USS MINNESOTA lief auf eine Mine und musste für sechs Monate ins Dock. *U 117* ging bei der Rückkehr der Treibstoff aus und musste das letzte Stück der Fahrstrecke von einem Torpedoboot nach Kiel geschleppt werden.

Bis zum Waffenstillstand am 11.11.1918 lief das Boot nicht mehr aus und ging im März 1919 an die USA. Im Rahmen einer großen Siegesausstellung wurde auch *U 117* in mehreren Städten der USA vorgeführt. Am 21.06.1921 wurde es von der US Navy versenkt.

Das U-Boot U 118 *des Typs UE II musste nach dem Krieg an Frankreich ausgeliefert werden. Bei der Überführungsfahrt strandete* U 118 *nach dem Bruch der Schlepptrosse an der englischen Küste bei Hastings und wurde zur Attraktion für die Strandbesucher. (Foto: Sammlung Karr)*

U 117 vor Cape Charles USA – 1919 nach der Übergabe an die USA. (Foto: National Museum – U.S. Navy)

Ansturm auf die U 117 in Wilmington (North Carolina), Mitte 1919.

Küsten-U-Boot UB 12, Typ UB I – Einzelboot

Dieses Boot gehörte zu den 17 Booten der UB I-Serie, die von 1914 bis 1915 gebaut worden und im Zeitraum vom 29.01. bis 12.05.1915 in Dienst gestellt worden sind. Alle Boote waren im Fronteinsatz. Ab 1917 war geplant, mehrere Boote zu Minenlegern umzubauen. Es betraf *UB 10, 12, 16* und *UB 17.*

Auch aus der folgenden Serie, der UB II-Boote, sollten die Boote *UB 21, 22, 27, 34, 35* und *UB 41* zu Minenlegern umgebaut werden. Es gibt dazu widersprüchliche Aussagen in den verschiedensten Quellen. Am wahrscheinlichsten ist, dass nur der Umbau von *UB 12* vom UB I-Typ realisiert worden ist.

UB 12 lief am 02.03.1915 vom Stapel und wurde, zerlegt in einzelne Sektionen, per Bahn nach Antwerpen gebracht und dort endmontiert. Dies geschah so mit der gesamten Bauserie. Der Hintergrund war, dass für die Küstenverteidigung in Flandern keine geeigneten Boote zur Verfügung standen. Diese kleinen Boote konnten aber in relativ kurzer Zeit gebaut werden. Dazu war es möglich, auch kleinere Werften heranzuziehen. *UB 12* wurde dann am 23.03.1915 in Dienst gestellt.

Nach 44 Einsätzen in der Nordsee begann dann im Dezember 1916 der Umbau zum Minenleger. Anstelle der zwei Bug-Torpedorohre wurden vier schräge Minenschächte eingebaut, die jeweils zwei UC-Minen aufnehmen konnten.

Als Minenleger ab Ende Januar 1917 wieder in Dienst, absolvierte das U-Boot danach noch 54 Unternehmungen. Unter anderem ging durch eine von ihr verlegte Mine im März 1917 der englische Zerstörer LAFOREY verloren. Insgesamt konnten 21 Schiffe mit über 10.000 BRT versenkt werden.

Die beim Umbau und dem Einsatz von *UB 12* gesammelten Erfahrungen konnten dann in die Entwicklung und den Bau der folgenden UC-Boote einfließen.

Küsten-U-Boot-Minenleger, Typ UC I

Die 15 Boote der UC I-Reihe stellten alle 1915 in Dienst. Es waren Einhüllenboote. Außer *UC 11* hatten sie keine Torpedobewaffnung, es waren reine Minenleger. Der Ausstoß der Minen erfolgte über 25° schräge Schächte im Vorschiff während der Fahrt, so wie es bei *UB 12* erprobt worden war. Die in den sechs Schächten lagernden 12 Minen befanden sich außerhalb des Druckkörpers. Sie waren nass gelagert und konnten im Einsatz nicht gewartet oder neu geregelt werden. Verwendet wurden die neuen Minen UC 120. Die Zahl gab die Ladungsmenge an – hier 120 kg TNT. Im Laufe des Krieges erhöhte sich die Ladung bis auf 200 kg.

Das Boot *UC 11* erhielt ein Hecktorpedorohr und wurde am 15.07.1915 in Dienst gestellt. Es war das erste U-Boot der Kriegsgeschichte, welches zielgerichtet 12 Minen verlegte. Am 31.05.1915 verminte *UC 11* das Seegebiet beim Feuerschiff South Goodwin (Kanaleingang, etwa 7,5 sm ostnordöstlich von Dover). Tags darauf lief der Zerstörer HMS MOHAWK in das Feld und wurde schwer beschädigt. Das U-Boot absolvierte 83 Einsatzfahrten, versenkte 29 Schiffe mit 38.188 BRT und sank durch einen Minentreffer am 26.06.1918 im Ärmelkanal.

Von den 15 Booten überlebte nur *UC 8*. Es überlebte deshalb, weil es am 04.11.1915 an der niederländischen Küste bei einer Überfahrt nach Flandern (navigatorischer Fehler?) auf Grund gelaufen war. Es wurde der niederländischen Marine geschenkt und diente dort bis 1932 unter der Bordnummer *M 1.* Es hat dort keine Einsätze mehr gefahren.

Insgesamt wurden 283 Schiffe (Frachtschiffe, Fischereifahrzeuge und Kriegsschiffe) mit 378.103 BRT von diesen 15 UC I-Booten vernichtet. Daraus ergibt sich, dass theoretisch 27,7 Minen gelegt werden müssten, um ein Schiff zu versenken. Und eine Mine vernichtete 61,5 BRT.

U-Boot-Minenleger, Typ UC II

Der beschleunigte Bau des Folgetyps, UC II, beruhte auf einem politischen Hintergrund. Nachdem *U 20* am 07.05.1915 den angeblich mit 10 Tonnen Munition gebunkerten Passagierdampfer RMS LUSITANIA torpedierte und das Schiff nach einer zweiten Explosion innerhalb weniger Minuten versank, protestierte die USA. 1198 Menschen kamen ums Leben; darunter 128 Amerikaner. Die USA drohte mit Kriegseintritt. Das führte auf deutscher Seite zur Einstellung des unumschränkten U-Boot-Krieges, da seitens Deutschlands der Eintritt der USA in den Krieg zu diesem Zeitpunkt unbedingt vermieden werden sollte.[63]

Damit wuchs der Bedarf an minenlegenden U-Booten, da diese einen völkerrechtlich akzeptierten Mi-

*Die Besatzung eines UC 1-U-Bootes (*UC 1 *oder* UC 5*?). (Foto: IWM Collections IWM Photo No.: Q 20220)*

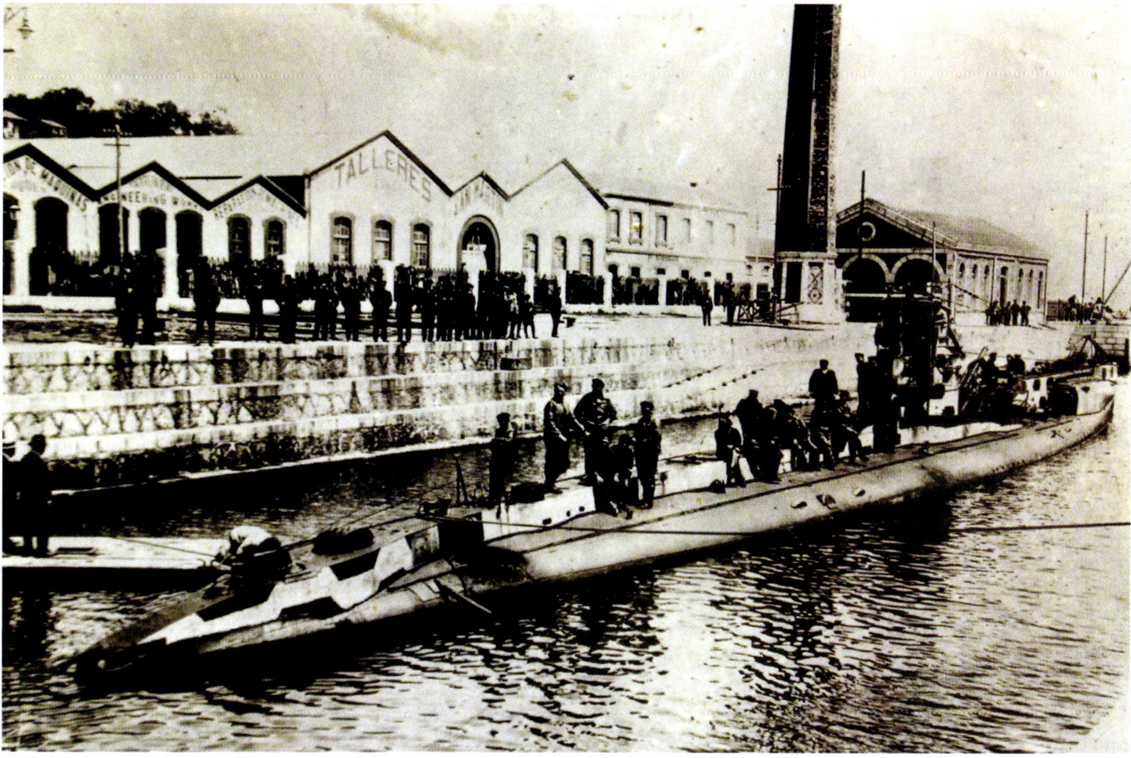

UC 56 – *interniert in Santander, Spanien am 21.05.1918. (Foto: Library of Congress, 2016/07/22)*

nenkrieg führten – so die offizielle Schreibweise im Kaiserreich.
Die Entwicklungsabteilung der U-Boot-Inspektion begann unmittelbar mit der Konstruktion eines größeren Minenlegers. Der konstruierte Folgetyp konnte 18 Minen aufnehmen, bekam wieder Torpedorohre (zwei Bug- und ein Heckrohr) sowie eine stärkere Artillerie. Pro Schacht konnten jetzt drei Minen mitgeführt werden. Das wurde durch die höher gezogene Back erreicht. Das teilweise in der Zweihüllenbauweise konstruierte Boot hatte eine doppelte Reichweite gegenüber seinem Vorgänger vom Typ UC I.
Es wurden auf den verschiedensten Werften[64)] 64 Boote gebaut. Sie trugen die Bordnummern *UC 16* bis *UC 79*. Bis auf ein Boot standen alle im Fronteinsatz und fuhren 516 Einsätze. *UC 28* fungierte als Schulboot. Durch gelegte Minen als auch durch den Einsatz der Torpedos wurden 1838 Schiffe und Boote verschiedener Klassen vernichtet. Was für ein Verschleiß an menschlichem Mut und menschlicher Schöpferkraft. Im Durchschnitt versenkte jedes Boot 29 (!) Fahrzeuge. Daran gemessen werden diese Boote als die »erfolgreichsten« in der Seekriegsgeschichte eingeschätzt.
38 U-Boote sanken durch Kriegseinwirkungen. 11 Boote gingen als Beute nach Großbritannien, weitere drei sanken bei der Überführung, Frankreich erhielt acht Boote und vier versenkten sich selbst bei der Räumung von Pola und Triest Ende Oktober 1918.

USS CHRISTABEL.

UC 56 – in Dienst am 18.12.1916. Nachdem es bei sechs Frontfahrten zwei Schiffe mit 9824 BRT vernichtet hatte, kam es Mitte Mai 1918 zur Begegnung mit USS CHRISTABEL, einer ehemaligen zivilen Yacht von 248 ts. Sie wurde von der US Navy militärisch umgerüstet, u.a. mit zwei 3“-Geschützen, und zu Patrouillendiensten eingesetzt. Heimathafen war Brest. In der Biskaya versuchte die CHRISTABEL *UC 56* zu rammen. Als das nicht gelang, wurden »Tiefenladungen« (Wasserbomben) eingesetzt und *UC 56* beschädigt. In der Annahme das U-Boot sei gesunken, drehte USS CHRISTABEL ab.
UC 56 rettete sich mit Maschinenschaden in die nordspanische Hafenstadt Santander, wurde dort bis Ende des Krieges interniert, am 26.03.1919 an Frankreich ausgeliefert und 1923 in Rochefort verschrottet.

U-Boot-Minenleger, Typ UC III

Trotz der Versenkungserfolge der UC II-Boote versprach man sich durch technische Veränderungen eine Verbesserung der See- und Manövereigenschaften. Die Torpedorohre wurden vom Bug nach Mitschiffs versetzt, wodurch aber keine wesentliche Verbesserung erreicht wurde. In Überwasserfahrt zogen die Boote eine breite Gischtspur hinter sich her. Die sperrigen, nach außen ragenden Torpedorohre drosselten nicht nur die Fahrt, sondern verursachten auch viel Spritzwasser.
1917 wurden 59 Boote des Typs UC III in Auftrag gegeben: *UC 80* bis *UC 138*. Weitere 54 waren geplant, wurden aber 1918 annulliert. In Dienst gestellt wurden nur die Boote *UC 90* bis *UC 105*, die aber auch nicht mehr zum Einsatz kamen.
UC 80 bis *UC 89* wurden vor Kriegsende nicht fertig und auf der Werft verschrottet. Von *UC 106* bis *UC 114* wurden die Rümpfe, ohne Maschinen und ohne Torpedoausrüstung, nach Großbritannien zum Verschrotten geschleppt, wobei *UC 107* in Brest abgebrochen wurde und *UC 110* beim Verschleppen unterging.

Das Minen-U-Boot UC 95 *bei seiner Ablieferung an die Alliierten. (Foto: US Navy)*

Das an die Alliierten abgelieferte Minen-U-Boot UC 97 *im Juni 1919 in Toronto. (Foto: Sammlung Karr)*

UC 93 – *in Dienst: 22.08.1918. Am 26.11.1918 Auslieferung an Italien. Verschrottung 1919 in La Spezia.*

UC 97 – *in Dienst: 03.09.1918. Auslieferung am 22.11.1918 an die USA. Wurde dort als Ausstellungsboot in New York und auf den Großen Seen genutzt (Bild). Am 07.06.1921 wurde* UC 97 *durch das Schulschiff USS WILMETTE zusammengeschossen und im Michigan See versenkt.*

Minenleger-U-Boote 1915–1918						
Schiffstyp	**UE I**	**UE II**	**UB 12**	**UC I**	**UC II**	**UC III**
Bauzeit	1915/16	1917/18	1914/15	1915	1916/18	1917/18
Im Dienst bis	1918	1918	1918	1918	1918	1918
Verdrängung (Unterwasser)	755 t (832 t)	1164 t (1512 t)	127 t (142 t)	168 t (183 t)	417 t (493 t)	474 t (560 t)
Länge	56,8 m	81,5 m	28,1 m	34,0 m	49,4 m	56,1 m
Breite	5,9 m	7,42m	3,2m	3,15 m	5,2 m	5,5 m
Druckkörper ø	5,0 m	4,5–4,9 m	3 m	3,15 m	?	?
Max. Tauchtiefe	50 m	75 m	50 m	50 m	50 m	75 m
Maschinenanlage	2x331 kW DM; 2x294 kW EM	2x883 kW DM; 2x441 kW EM	1x45 kW DM; 1x 88 kW EM	1x66 kW DM; 1x129 kW EM	2x184 kW DM; 2x169 kW EM	2x221 kW DM; 2x283 kW EM
Geschwindigkeit (Unterwasser)	10,6 kn (7,9 kn)	14,7 kn (7,0 kn)	6,5 kn (5,5 kn)	6,2 kn (5,2 kn)	11,6 kn (7,0 kn)	11,5 kn (6,6 kn)
Fahrbereich	7880 sm bei 7 kn üW, 83 sm bei 4 kn uW	12.500 sm bei 8 kn üW, 53 sm bei 4,5 kn uW	1650 sm bei 5 kn üW, 45 sm bei 4 kn uW	750 sm bei 5 kn üW, 50 sm bei 4 kn uW	9430 sm bei 7 kn üW, 55 sm bei 4 kn uW	10.000 sm bei 7 kn üW 40 sm bei 4,5 kn uW
Bewaffnung	2 Heckrohre 38 UE Minen, 1 Bug-, 1 Heckrohr 4/ 50 cm T.; 1x8,8 cm oder 1x10,5 cm	2 Heckrohre 42 +30 UC Minen, 4 Bugrohre 4+10/ 50 cm T., 1x8,8 cm, 1x10,5 cm	4 Schächte, 8 UC 200 Minen.	6 Schächte, 12 UC 120 Minen, 1x7,92 mm MG	6 Schächte, 18 UC 200 Minen, 2 Bugrohre + 1 Heckrohr 7 T 50 cm, 1x8,8 cm	6 Schächte, 14 UC 200 Minen, 2 Bugrohre + 1 Heckrohr 7 T 50 cm, 1x10,5 cm
Besatzung	32	40	14	14	26	32

Minen-U-Boot, Typ VII D

Eine notwendige Vorbemerkung: Bei der Deutschen Kriegsmarine spielte die U-Boot-Waffe während des Zweiten Weltkrieges eine sehr große Rolle. Es gab eine Fülle von U-Booten für die verschiedensten Aufgaben: Torpedo-, Minen- und Artillerie-U-Boote, Flak-U-Boote, U-Boot-Tanker, Transport-U-Boote oder auch gemischt: Torpedo- und Minen-U-Boote; kleine, mittlere und große U-Boote, Küsten- und Hochsee-U-Boote, U-Boot-Abwehr-U-Boote/U-Jagd-U-Boote. Und sicher noch ein paar Spezial-U-Boote mehr.

Im Folgenden werden vorrangig die »reinen« Minen-U-Boote behandelt, die es aber in der Praxis nicht wirklich gab. Denn im Laufe des Krieges, und auch schon davor, konnten fast alle neu gebauten U-Boote neben den Torpedos auch Minen mitführen. Die Entwicklung von Torpedominen[65)] begann bereits bei der Kaiserlichen Marine. So wurden im Frühjahr 1918 erste Muster (die sog. Teka-Mine) in verschiedenen Einsatzgebieten getestet.

Der U-Boot-Typ VII D wurde als Minenleger konzipiert. Dazu wurde der Typ VII C um zehn Meter verlängert, eine Mittelsektion eingebaut, die fünf Schächte zur Aufnahme von 15 Ankertauminen (SMA) mit je 350 kg Sprengladung enthielt. Zusätzlich konnten entweder 12 Torpedos oder 26 Minen TMA oder 39 Minen TMB mitgeführt werden. In der Praxis wurden diese Boote zum Minenlegen kaum verwendet.

Gebaut wurden von 1941 bis 1942 sechs dieser Boote: *U 213* bis *U 218*. Dabei kamen nachweislich nur zwei Boote zum Mineneinsatz:

- *U 217*: April 1943 im Bristolkanal.
- *U 218*: Bei sechs Unternehmungen von April 1943 bis August 1944 verlegte das Boot jeweils 15 SMA-Minen im Nordkanal (Schottland–Nordirland), Port of Spain (Trinidad und Tobago), vor San Juan (Puerto Rico), Wolfs Rock (Felsen vor Cornwall, England), vor Lizzard Point (westl. Ärmelkanal/Großbritannien) und im Firth of Clyde (Meeresarm an der Westküste von Schottland).

TMA-Minen wurden von U-Booten nicht verwendet.

Fünf der Boote gingen durch Kriegseinwirkungen verloren. *U 218* kapitulierte am 08.05.1945 in Bergen. Es wurde zur Versenkungsoperation »Deadlight«[66)] nach Loch Ryan (Schottland) verbracht und am 04.12.1945 von britischen und polnischen Zerstörern versenkt.

Insgesamt vernichteten die VII D-Boote durch Minen und Torpedos 12 Schiffe mit 43.320 BRT und beschädigten vier mit 31.597 BRT.

Modell eines U-Bootes vom Typ VII D. Rechts der Sattelaufbau mit den fünf Schächten zur Aufnahme von 15 SMA-Minen. (Foto: Revell 1:144)

Minen-U-Schiff, Typ XB

Diese größten U-Boote der Kriegsmarine basierten auf dem U-Minenkreuzer UE II (Projekt 45) des Ersten Weltkrieges. Jedoch wurde die erste Konstruktion (Typ XA) verworfen, da die Minenkonzeption technische Probleme (Trockenlagerung der SMA-Minen und Minenausstoßrohre im Heck) aufwarf.

Der zweite Entwurf (Typ XB) entsprach den technischen Möglichkeiten und es wurden acht U-Schiffe (1941–1944) von der Germania-Werft in Kiel gebaut (*U 116* bis *U 119, U 219, U 220, U 233* und *U 234*).

Es konnten 66 SMA-Minen in den Schächten eingebracht werden. Die Backbord- und die Steuerbordseite nahmen je 12 Schächte auf. Ein Schacht fass-

te zwei Minen. Im Vorschiff waren weitere sechs Schächte montiert. Diese konnten, da sie mehr Raum zur Verfügung hatten, je drei Minen fassen. Im Heck befanden sich zwei Torpedorohre für 53,3-cm-Torpedos, von denen 15 mitgeführt wurden.
Mit dem Zulauf der doch recht schwerfälligen Boote war das Legen von Minensperren auf den Zufahrtswegen der Häfen mit Risiken verbunden. Somit fanden sie weitgehend als Transport-U-Boote Verwendung. Das Ladegut wurde in druckfesten Frachtbehältern in den Minenschächten verstaut.
An Minenaktionen wurden durchgeführt:

- *U 117*: September und November 1942 vor der Ostküste Islands sowie im April 1943 vor Casablanca.
- *U 118*: Februar 1943 vor der Straße von Gibraltar (kanadische Korvette WEYBURN und drei weitere Schiffe durch Minen versenkt und drei Schiffe durch Minen beschädigt).
- *U 119*: August 1942 vor der Küste Jütlands, März 1943 vor der Westküste von Island und im mittleren Nordatlantik und vor Halifax (Neuschottland) – ein Schiff wurde versenkt und eins beschädigt.

Die Boote *U 219, U 220, U 233* und *U 234* erfüllten in erster Linie Versorgungsaufgaben. Bis auf *U 220*, welches bei einer Feindfahrt zwei Schiffe mit 7199 BRT versenkte.

Eine besondere Rolle spielte *U 234*:
»*U 234* wird erst 1944 fertiggestellt. Ein alliierter Luftangriff hatte den vorderen Teil des Druckkörpers zerstört, der komplett ersetzt werden musste. Ursprünglich als Minenleger konzipiert, wurde das Boot 1944/45 für die Durchführung eines Spezialauftrages umgebaut. Dazu wurden die seitlichen Minenschächte ausgebaut und in Laderäume umgewandelt. In den vorderen sechs Schächten wurden druckfeste Röhren eingebaut. Weiterhin wurde ein Schnorchel[67] sowie eine Funkmess-Station vom Typ Hohentwiel[67] installiert.
Im März 1945 verließ *U 234* unter dem Kommando von Kapitänleutnant J.H. Fehler Kiel. Nach einem Zwangsaufenthalt in Kristiansand wegen Reparaturen (Kollision im Kattegat mit einem anderen deutschen U-Boot) ging *U 234* am 15.04.1945 endlich auf Kurs Richtung Atlantik.
An Bord: Sieben Mann Stammbesatzung, als Passagiere: vier Luftwaffenoffiziere, vier Marineoffiziere, drei zivile Ingenieure und zwei japanische Spezialisten für Waffentechnik.
Transportiert wurden:

- eine zerlegte Messerschmitt Me 262 (Sturmvogel) nebst Bauplänen
- Bauteile des Raketenflugzeuges Messerschmitt Me 163
- Bauteile einer Vergeltungsrakete V 2

Messerschmitt Me 262 (Sturmvogel). (Foto: USAF-Museum – Gemeinfrei)

Bauteile des Raketenflugzeuges Messerschmitt Me 163.

Bauteile einer Vergeltungsrakete V 2.

Außerdem dabei: Forschungsunterlagen und Blaupausen der wichtigsten Waffenentwicklungen Deutschlands sowie Quecksilber und 560 Kilogramm Uranoxid. Ob tatsächlich diese Bauteile an Bord waren oder nur die Baupläne, ist bis heute nicht eindeutig bewiesen. Jedenfalls sollte diese 240-Tonnen-Fracht über 20.000 sm auf Schleichwegen nach Japan überführt werden. Der Zeitrahmen sah dafür neun Monate vor. Entsprechende Verpflegung befand sich an Bord.

Am 10.05.1945 erhielt der Kommandant Nachricht von der deutschen Kapitulation. Damit hätte *U 234* den kanadischen Hafen Halifax anlaufen müssen. Für seine Besatzung und sich selbst erhoffte der 34-jährige Kommandant aber bessere Bedingungen, wenn sie gegenüber der US Navy aufgaben, als gegenüber der britischen oder kanadischen Royal Navy. Deshalb fuhr *U-234* aus den Gewässern vor Neufundland nach Süden, bis im Periskop ein US-Kriegsschiff zu sehen war. Dann tauchte Fehler mit seinem Boot auf und ließ ein Prisenkommando der USS SUTTON an Bord kommen.

Die komplette Besatzung des U-Boots ging in Kriegsgefangenschaft, ebenso seine Passagiere, außer den zwei Japanern, die vorher Selbstmord begingen. Auch die 240-Tonnen-Fracht, die *U 234* in seinen eigens umgerüsteten Minenschächten transportierte, wurde von der US Navy beschlagnahmt. Auf See

konnte sie nicht aus dem Rumpf geholt werden, deshalb fuhr das Boot im Geleit der USS SUTTON in den Marinestützpunkt Norfolk, wo es am 16. oder 17.05.1945 eintraf.«
(Zitiert nach: »Welt-Geschichte« und Wikipedia – Lizenz gemeinfrei)

U 234 *im Marinestützpunkt Norfolk / USA.*

Nur zwei Boote überlebten den Krieg: *U 234*, wie oben geschildert, und *U 219*. Dieses Boot wurde am 08.05.1945 in Batavia (Indonesien; das Gebiet blieb bis Ende des Kriegs 1945 in japanischer Hand) von Japan übernommen und am 15.07.1945 unter der Bord-Nummer *I-505* in Dienst genommen. Im August 1945 kapitulierte die Besatzung in Djakarta. Das Boot wurde dann von der britischen Marine am 16.02.1946 versenkt.

U 116.

Blick auf das Vorschiff von U 119 *mit den sechs Minenschächten. (Fotos: history.navy.mil, gemeinfrei)*

Minenleger-U-Boote 1941–1945		
Schiffstyp	**VII D**	**XB**
Bauzeit	1940–1942	1939–1944
Gebaute Einheiten	6	8
Im Dienst bis	1945	1945
Verdrängung (Unterwasser)	965 t (1080 t)	1763 t (2177 t)
Länge	76,9 m	89,8 m
Breite	6,4 m	9,2 m
Druckkörper ø	4,7 m	?
Max. Tauchtiefe	100 m	150 m
Maschinenanlage	2x6-Zyl. DM 1700 kW; 2x EM 560 kW	2x9-Zyl. DM 3530 kW; 2xEM 820 kW
Geschwindigkeit	16,7 kn (7,3 kn)	17 kn (7 kn)
Fahrbereich	11.200 sm bei 10 kn; 69 sm bei 4 kn	18.450 sm bei 10 kn; 93 sm bei 4 kn
Bewaffnung	4 Bugrohre, 1 Heckrohr; 12 Torpedos oder 26 TMA oder 39 TMB, 5 Schächte für 15 SMA; 1 x 8,8 cm, 1 x 2 cm, ab 1943: 1 x 3,7 cm, 4 x 2 cm	2 Heckrohre; 15 Torpedos, 30 Schächte für 66 SMA; 1 x 10,5 cm, ab 1943: 1 x 3,7 cm, 4 x 2 cm
Besatzung	44	52
Minen	möglich	möglich
Besatzung	24	24

Wie bereits erwähnt, fuhren viele Boote ab Typ I A als Torpedo- und/oder Minenvariante. Wobei sich die Nutzung der Minenvariante in Grenzen hielt. Hier der Überblick dazu:

U-Boote mit kombinierter Torpedo und/oder Minenbewaffnung 1936–1944							
Schiffstyp	**Torpedos, Anzahl**	**Minen-Anzahl**				**Anzahl der Boote**	**I.D. des ersten Bootes**
		TMA	**TMB**	**TMC**	**SMA**		
I A	14 oder	28 oder	42	0	0	2	04/1936
II A, B, C, D	5 oder	12 oder	18	0	0	32	06/1935
VII A, B, C	11/14 oder	22/26 o.	33/39	0	0	388	08/1936
VII D	12 oder	26 oder	39	0	15	6	08/1941
IX A, B, C, C/40	22 oder	44 oder	66	0	0	110	08/1938
IX D	24 oder	48 oder	72	0	0	31	02/1942
XB	15 und	0	0	0	66	8	07/1941
XXI	23 oder 14 und	0	0	12	0	120	06/1944
XXVII – Hecht	1 oder	1	0	0	0	3	?/1944

RESÜMEE

Es ist schon erstaunlich, wenn man die unten aufgeführten Tabellen über die Minenräumkapazitäten der Deutschen Marine vergleicht. Im Kalten Krieg hatten diese Kräfte ein ständig hohes Niveau und nach 1990 erfolgte ein systematischer Abbau.

Ist denn die Minengefahr nicht mehr aktuell? Sind denn die Altlasten in Nord- und Ostsee aus dem Zweiten Weltkrieg beseitigt? Gibt es denn nicht mehr die Gefahr, dass die Mine als »Waffe des armen Mannes« heute aggressiv angewendet werden könnte?[68)] Sind wir uns ganz sicher, dass lokale kriegerische Auseinandersetzungen (insbesondere im Ostseeraum) ausgeschlossen sind?

Es gab einmal eine Zeit (1970/75), da gehörten über 60 Einheiten zu den deutschen Minenstreitkräften. Sie waren damals die größte maritime Formation in der NATO – und die wirksamste. Der hohe Ausbildungsstand der Besatzungen und der Führung waren bekannt in West und Ost. Man hatte Respekt vor ihnen.

Sicher haben sich Ansatz und taktische Einsatzprinzipen weiterentwickelt. Drohnen und Sonartechnik bieten vielfältige Möglichkeiten Minen zu bekämpfen (nicht zu vergessen die Minentaucher). Aber große Minensperren, die sich über Meilen hinziehen und nicht nur aus 10, sondern aus tausend und mehr Minen der verschiedensten Art bestehen? Um dort Minengassen zu schlagen, bedarf es doch wohl mehr als acht Minenjagdbooten und drei Hohlstablenkbooten.

Ja, richtig – das wäre dann nicht nur die Aufgabe der Deutschen Marine. Wozu gibt es die SNMCMG 1[69)], die im Rahmen der NRF[69)] handelt. Diese sechs bis acht Boote haben kürzlich bewiesen, dass sie es können. Immerhin haben sie im südnorwegischen Oslofjord 170 Unterwasserobjekte identifizieren können und teilweise kartiert. Auch geräumt?

Nebenbei: Wie sieht es denn mit der Minenlegefähigkeit der Deutschen Marine oder der NRF aus?

Bleiben wir in der friedlichen Gegenwart.

Betrachten wir nur den Ostseeraum: Während des Kalten Krieges war das ein hochexplosiver Raum. Sicherheitspolitisch schwer einzuschätzen und immer am Rande einer Auseinandersetzung. 30 Jahre später hat sich vieles verändert. Die Grenze der NATO verläuft nicht mehr vor Lübeck, sondern hat sich weiter nach Osten verschoben, bis an den Finnischen Meerbusen.

Somit alles gut? Sagen wir jetzt: »Es hat ja 30 Jahre nicht gebrannt, also schaffen wir die Feuerwehr ab«? Weil Politiker sich schwer tun, da sie keine militärischen Elemente im Haushalt oder in der Innen- und Außenpolitik haben möchten?

Natürlich ist der Ostseeraum auch heute noch eine brisante militärpolitische Zone. Die Seeverbindungswege von der Ostküste der USA enden in den Häfen der östlichsten NATO-Verbündeten, in Polen, den Baltischen Staaten und Deutschland. Die gilt es zu sichern. Die Baltische Flotte Russlands mit ihren Hauptstützpunkten in Kronstadt und Baltijsk könnte durch Minensperren blockiert werden. Ebenso dürfte es möglich sein, die Seeverbindungswege von Kaliningrad nach St. Petersburg zu unterbrechen. Nur – womit??

Womit sich auch das Problem erledigt haben dürfte, ob Sperren im Kattegat bzw. Belte und Sund[70)] erforderliche wären.

Fazit:

- Nord- und Ostsee sind immer noch minenverseucht. Nein, nicht richtig, sie sind nicht nur durch Minen verseucht, sondern auch ganz besonders durch Bomben, Granaten, Munition, Torpedos und Behälter mit chemischen Kampfstoffen. Also Augen zu und durch?
- Militärische Auseinandersetzungen im Ostseeraum sind nicht von der Tagesordnung. Würde es zu solchen kommen, dann müsste man ihnen offensiv und defensiv begegnen – WOMIT?

Die Antworten darauf kann nur die Deutsche Marine geben. Sie muss erreichen, dass die Minenabwehr und die Minenlegefähigkeit als Kernaufgaben eingestuft werden. Und sie muss fordern, woher die dafür notwendige Ausrüstung kommen soll; aus dem eigenen Land, wo es dafür sichere Kapazitäten

gibt, oder ob sie aus dem Ausland beschafft werden muss.
Geschichte wiederholt sich – sagt man, oder wie sich die Bilder gleichen.
Als die Kaiserliche Marine 1914 in den Krieg eintrat, musste sie registrieren, dass sie der Minenwaffe zwar Aufmerksamkeit geschenkt hatte, aber doch wohl nicht genügend. Viele erste Notlösungen mussten her, um Abwehrmöglichkeiten zu finden.
Heute scheint es bei der Deutschen Marine ähnlich zu laufen – nur im umgekehrten Sinne. Die Mittel waren vorhanden – nun sind sie verschwunden:

Granate aus dem Zweiten Weltkrieg.

Anzahl der Minenleg- und -räumschiffe, 1956 bis 2020 (nur Bundesmarine/Deutsche Marine)

Klassifizierung	1956	1960	1965	1970	1975	1980	1985	1990	1995	2000	2005	2010	2015	2020
Hochseeminen-suchboote	6	6	-	-	-	-	-	-	-	-	-	-	-	-
Küstenminensuch-boote	-	24	18	17	17	1	-	-	-	-	-	-	-	-
Minenjagdboote	-	-	-	1	2	12	12	16	24	20	17	14	10	8
Schnelle Minen-such- u. Minen-kampfboote	-	11	30	30	21	21	21	12	10	3	8	8	5	4
Hohlstablenkboote (Systeme)	-	-	-	-	-	-	6	6	6	10	5	5	3	3
Räumboote	20	14	-	-	-	-	-	-	-	-	-	-	-	-
Binnenminensuch-boote	-	2	10	19	18	18	18	18	9	5	-	-	-	-
Minenabwehr-schiffe ex VM	-	-	-	-	-	-	-	6	-	-	-	-	-	-
Summe der Kräfte	26	57	58	67	58	52	57	58	49	38	30	27	18	15

Natürlich trifft die Tabelle keine Aussagen über Kampfkraft und Effektivität der einzelnen Minenkräfte. Dies hat aber sicher keinen Einfluss auf die Gesamtaussage und die sichtbare Entwicklungstendenz. Alle Angaben sind öffentlichen Dokumenten der Bundeswehr entnommen und sind jedem Interessierten zugänglich.

Anzahl der Minenleg- und -räumschiffe, 1950 bis 1990 (nur DDR-Marine)									
Klassifizierung	**1950**	**1955**	**1960**	**1965**	**1970**	**1975**	**1980**	**1985**	**1990**
Hochseeminen-such- und Räum-schiffe	-	12	20	20	12	33	30	27	26
Küstenminen-such- und Räum-schiffe	-	-	-	-	21	21	20	19	16
Räumboote	6	18	36	35	22	4	4	-	-
Summe der Kräfte	6	30	56	55	55	58	54	46	42

Auch hier, keine Aussage über Kampfkraft und Effektivität der einzelnen Minenkräfte. Die Angaben beruhen auf Unterlagen des Autors.
Sichtbar wird die unterschiedliche Klassifizierung der Schiffe und Boote in den beiden deutschen Marinen und auffallend ist die fast deckende Anzahl der Minenabwehrkräfte.

<table>
<tr><th colspan="16">Vergleich der Minenabwehrkräfte in Deutschland</th></tr>
<tr><th>Summe der Kräfte</th><th>1950</th><th>1956</th><th>1960</th><th>1965</th><th>1970</th><th>1975</th><th>1980</th><th>1985</th><th>1990</th><th>1995</th><th>2000</th><th>2005</th><th>2010</th><th>2015</th><th>2020</th></tr>
<tr><td>Marine BRD</td><td>-</td><td>26</td><td>57</td><td>58</td><td>67</td><td>58</td><td>52</td><td>57</td><td>58</td><td rowspan="2">49</td><td rowspan="2">38</td><td rowspan="2">30</td><td rowspan="2">27</td><td rowspan="2">18</td><td rowspan="2">15</td></tr>
<tr><td>Marine DDR</td><td>6</td><td>30</td><td>56</td><td>55</td><td>55</td><td>58</td><td>54</td><td>46</td><td>42</td></tr>
</table>

Kein Kommentar – siehe oben.

Minentaucher sprengen eine Mine. (Foto: Bundeswehr/Marine)

ANHANG

Kurze Minen- und Minenräumkunde

Dieser kurze Überblick soll zum besseren Verständnis der verwendeten Begriffe beitragen. Die Gesamtentwicklung der Minentechnik ist viel umfangreicher und würde den Rahmen der Abhandlung sprengen.
Die Einteilung der *Seeminen* erfolgte in der Vergangenheit nach unterschiedlichsten Merkmalen. Heute haben sich drei grundsätzliche Gesichtspunkte durchgesetzt:

a) nach der historischen Entwicklung:
- o Ankertauminen,
- o Grundminen,
- o Gezeitenminen,
- o Treibminen.

b) nach dem Prinzip der Zündeinleitung:
- o Berührungsminen,
  - □ sie detonieren nur bei der unmittelbaren Berührung mit dem Schiffskörper (Stoßkappen, Antenne).
- o Fernzündungsminen
  - □ detonieren beim Überlaufen eines Schiffes in einer bestimmten Entfernung
    - □ durch eine physikalische Ausstrahlung/Felder:
      - □ magnetische,
      - □ akustische und oder
      - □ hydrodynamische.
- o Fernauslöseminen
  - □ werden ausgelöst durch
    - □ eine Drahtverbindung oder
    - □ durch Funk.

c) nach Einsatzvarianten:
- o Wurfminen (über Wurfbühnen-Schiff)
- o Luftminen (geringe oder große Höhe),
- o Schachtminen (U-Boote),
- o Torpedorohrminen (U-Boote).

Die gebräuchlichste Mine vor und während des Ersten Weltkrieges war die Berührungsmine mit Bleikappen. Sie war eine Ankertaumine, welche aus dem schwimmenden Minenkörper mit 100 bis 200 kg Sprengstoff und dem Minenstuhl bestand. Im Meeresboden verankert, stand sie in bestimmter Tiefe unterhalb der Wasseroberfläche. In den Bleikappen (Hörner) der Mine befanden sich Glasröhrchen, die beim Anstoßen eines Schiffe zerbrachen, eine Elektrolytflüssigkeit freigaben, die wiederum

Einbringen einer Mine UC 120 auf einem U-Boot-Minenleger, Typ UC II – um 1916. (Foto: IWM-Q 20345)

Ankertauminen 1916 ohne Zünder, bereit zum Transport. (Foto: Museum Osnabrück)

ein galvanisches Element aktivierten und die Zündung auslösten.
Diese Technik wurde prinzipiell auch während des Zweiten Weltkrieges beibehalten. Nur die Mechanik zur Tiefeneinstellung (Voreilgewicht) wurde verbessert.
Generell begann nach dem Ersten Weltkrieg eine systematische Weiterentwicklung der Seemine. So wurde 1923 bei der Reichsmarine die Einheitsmine C und D entwickelt. Diese 250- bis 285-kg-Ankertaumine gab es wiederum in mehreren Varianten: mit Kettenvorlauf (sollte das Räumen mit Schneidgreifern erschweren), mit Reißleine und mit Antenne. Es folgte 1929 die Grundmine RMA mit magnetischem Zünder und 1934 die Luftmine LMA – eine durch Flugzeuge zu verlegende Mine (glich der RMA). 1935, wie bereits erwähnt, die Torpedorohrmine TMA.
Während des Zweiten Weltkriegs wurden Minen auch verstärkt gegen U-Boote eingesetzt. So die UMA und die UMB (30 bzw. 40 kg Sprengstoff).
Wie oben erwähnt, kann es hier nicht Aufgabe sein, alle Entwicklungsrichtungen aufzuzeigen. Allein von der EM, der Einheits- oder Elektrischen Mine, gab es 13 verschiedene Arten: EMA, EMC, EMI, EMK, EMR, EMS, EMJ, EMV, WWU usw.
Nur ein Beispiel. Es gab Fallen, die mit Minen verbunden waren. So die EMS = Sehrohrtreibmine S. Ein Stahlschwimmer, welcher ein Sehrohr eines U-Bootes vortäuschte, war mit einer Mine verbunden und sollte UAW-Schiffe anlocken und zum Rammen verführen. Es gab die EMS I, EMS II, EMS III.
Über die gegenwärtigen Entwicklungen gibt es kaum Aussagen. Bekannt sind:

- DM41-G1 – U-Boot-Mine. Grundmine. Wird über externe Minenbehälter abgesetzt.
- DM51-G4 – Sicherung von Küstengewässern. Anti-Invasions-Mine. Wird in der Brandungszone gegen Landungsfahrzeuge verlegt.
- DM61-G2 – Seegrundmine 80 (SGM 80), wird von Schnellläufern abgeworfen. Reagiert auf akustische, magnetische und hydrodynamische Felder.
- DM61-G2 / IGM 10 – Verlegung von U-Booten aus.

Drei Minen DM 51 auf einem Abwurfwagen. (Foto: Klugschnacker, CC-BY-SA-2.5)

Gefechtsmine MK-36-25. (Foto: Klugschnacker, CC-BY-SA-2.5))

Deutsche Ankertaumine DM 21. Die Ladung von ca. 40 kg TNT wird elektrisch gezündet, wenn die sog. Hörner bei Kontakt mit einem Schiffsrumpf deformiert werden. Die Mine befindet sich im Transportzustand. Sie ist auf dem Ankerstuhl befestigt. Nach dem Wurf löst sie sich vom Stuhl und steigt auf die eingestellte Tiefe unter dem Wasserspiegel auf. (Foto: Werner Willmann, CC-BY-SA-3.0)

In einigen Kapiteln ist bereits auf die *Räum-Techniken* von Minen eingegangen worden. Hier noch ein kurzer Überblick:
Ziel ist es, Minen in einem Suchgebiet mit technischen Mitteln unschädlich zu machen. Ihre klassische Einteilung:

a) Kontakträumgeräte:
- o Schneidende Räumgeräte und
- o sprengende Räumgeräte.

Damit wird das Ankertau der Mine durch Schneidgreifer oder Sprenggreifer durchtrennt.
Ihr Einsatz erfolgt gegen Ankertauminen aber auch gegen am Ankertau stehende Berührungs- und Fernzündungsminen.

b) Fernräumgeräte:
- o Elektromagnetische Räumgeräte können sein:
  - □ Schleifen-,
  - □ Hohlstab- und
  - □ Elektrodenfernräumgeräte.
- o Akustische Räumgeräte:
  - □ ein geschleppter Bojenkörper (»Rabatzboje«) erzeugt Schallwellen, auch Explosionsgeräusche können erzeugt werden.
- o kombinierte Fernräumgeräte.
  - □ Hier werden elektromagnetische und akustische Räumgeräte gemeinsam eingesetzt.

Die genannten Räumgeräte werden von Räumbooten, vereinzelt auch durch Hubschrauber geschleppt, die dazu ein Räumgeschirr einsetzen müssen (Räumleinen, Tiefenscherdrachen, Räumstell bestehend aus Schwimmkabeln, Elektroden oder andere Räumelementen, Scherdrachen, Schwimmkörper, Tragebojen – oder der Räumotter, u.a.).
Gegenwärtig wird der Einsatz von Drohnen zur Suche und Räumung immer stärker favorisiert. Die beim herkömmlichen Räumen immer bestehende Gefahr für Mensch und Schiff kann so weitestgehend gemindert werden.
Der Einsatz von Minentauchern wird sich nie auf die Räumung ganzer Minensperren beziehen. Sie werden eingesetzt zur Suche, Bestimmung von Minen oder anderen Unterwasserwaffen, deren Beseitigung durch Sprengung oder ihre Bergung. Außerdem steuern sie Unterwasserdrohnen zur Suche und Klassifizierung von Unterwasserzielen.

Auf all diese Geräte und Techniken ist im laufenden Text des Buches direkt oder indirekt mehrmals eingegangen worden, so z.B. auch auf die Räumotter.
Ursprünglich wurde das Gerät zum Eigenschutz als Buggerät eingesetzt. Vom Bug aus je eine Otter an Bb.- und Stb.-Seite. Im Zweiten Weltkrieg dominierte es als Heckgerät beim Suchen und Räumen von Minen. Mit dem Aussetzen der Räumotter ziehen deren Scherflächen sie seitlich vom Schiff weg. Über die Länge der Schleppleine kann sie selbständig die Tiefe halten. Extra Scherdrachen sind nicht mehr erforderlich. Wird eine Mine erfasst, gleitet sie entlang der Schleppleine zur Otter und wird dort vom Schneidgerät erfasst und geschnitten. Sie steigt auf und wird durch Beschuss zur Detonation gebracht. Lässt sich das Ankertau der Mine nicht durchtrennen, wird die Otter durch die Vorwärtsbewegung des Schiffes an die Mine herangezogen und die Zündung ausgelöst.

Anmerkungen

1) Aus der Mine herausragende Bleikappen brachen bei der Berührung mit einem Schiff an einer Sollbruchstelle. Durch die Bruchstelle gelang Seewasser auf ein Zink-Kohle-Element. Der entstehende galvanische Strom löste die Zündung aus.

2) An der Minenoffensive vom 17.10.1939 bis 10.02.1940 vor der britischen Ostküste waren beteiligt:

- Z 4 RICHARD BEITZEN, Kommandant: Korvettenkapitän Hans v. Davidson.
- Z 8 BRUNO HEINEMANN, Kommandant: Fregattenkapitän Fritz Berger.
- Z 14 FRIEDRICH IHN, Kommandant: Günther Wachsmuth.
- Z 16 FRIEDRICH ECKOLDT, Kommandant: Fregattenkapitän Alfred Schemmel.
- Z 19 HERRMANN KÜNNE, Kommandant: Korvettenkapitän Friedrich Kothe.
- Z 20 KARL GALSTER, Kommandant: Korvettenkapitän Theodor Freiherr v. Bechtolsheim.
- Z 21 WILHELM HEIDKAMP, Kommandant: Korvettenkapitän Hans Erdmenger

3) Zitiert nach: Karl v. Kutzleben / Wilhelm Schroeder / Jochen Brennecke: Minenschiffe 1939–1945, Koehler Hamburg 2002, Seite 29.

4) Andere Angaben sprechen von 636.000 Minen. Der alliierte Verlust durch Minen 1939–1945 wird mit einem Kreuzer, 70 Zerstörern, zahlreichen U-Booten, 243 kleineren Kriegsschiffen und 6520 Handels- und Transportschiffen angegeben. Die deutschen Verluste sollen bei 38 U-Booten, 21 Überwasserkampfschiffen, 24 Versorgern und 81 Minenabwehreinheiten liegen.

5) Voith-Schneider-Antrieb ist ein Schiffssystem, bei dem der Schub in der Größe und Richtung beliebig eingestellt werden kann, ohne dass die Drehzahl verändert werden muss. Die Steuerung erfolgt durch die Einstellung der Steigung für die Richtung voraus-zurück (Fahrt) und durch Einstellung quer zum Schiff (Ruder). Diese Art der Steuerung verleiht dem Schiff höchste Manövrierfähigkeit und erlaubt eine sehr feine Dosierung des Schubes und einen extrem schnellen Wechsel der Schubrichtung ohne Änderung der Drehzahl.

6) Karl Meyer, Hochsee-Minensuchboote 1939–1945, Mittler, Hamburg, 2004.

7) Die Bezeichnung SPERRBRECHER 2 kann nicht stimmen. Dieses Schiff ist bereits am 22.09.1940 durch Minentreffer verloren gegangen. Auch SPERRBRECHER II – ex KARL LEONHARD – kann nicht gemeint sein. Da es am 01.02.1940 außer Dienst gestellt und an die Reederei zurückgegeben wurde. Es fuhr dann als Truppentransporter nach Norwegen und Finnland und wurde im März 1946 mit Gasmunition im Skagerrak versenkt.

8) Das Minensuchboot *M 12* wurde am 18. August 1939 in Lübeck als letztes Minensuchboot vor dem Zweiten Weltkrieg für die 2. Minensuchflottille in Dienst gestellt. Das Boot wurde nach Kriegsende den USA zugesprochen und anschließend beim Minenräumdienst eingesetzt. Am 9. Oktober 1947 wurde das Boot an Frankreich abgegeben und in Lorient als Wohnschiff verwandt.

9) Ebenda, S. 56f.

10) 6x15,0 cm SK; 1x10,5 cm Flak; 4x3,7 cm Flak; 4x2,0 cm Flak; 6xTR 53,3 cm Durchmesser.

11) US-amerikanische U-Boot TARPON.

12) Siehe auch: J. Rohwer, G. Hümmelchen, Chronik des Seekrieges 1939–1945, Gerhard Stalling Verlag, Oldenburg und Hamburg, 1969, S. 228.

13) Kriegstagebuch der Seekriegsleitung, S 139f.

14) Dieses Bild wurde vom Imperial War Museum auf der IWM Non Commercial Licence erstellt und veröffentlicht. Fotos, die von einem Mitglied der Streitkräfte während seiner aktiven Diensttätigkeit aufgenommen wurden, oder Kunstwerke, die von einem Mitglied der Streitkräfte erstellt wurden, fallen unter die Bestimmungen des Crown Copyrights. Getreue Reproduktionen können unter dieser Lizenz wiederverwendet werden, die 50 Jahre nach ihrer Gründung als abgelaufen gilt.

15)

Minensuchflottille in See (etwa Sommer 1939). M 6 *im Vordergrund. Auf dieser Postkarte wurde die taktische Nummer retuschiert. Am Bug stehen vier HJ-Mitglieder. (Foto: Autor unbekannt – Wikipedia gemeinfrei)*

16) Der GM/SA (auch GMSA) – **G**erman **M**ine **S**weeping **A**dministration – war die deutsche Minenräumleitung des DMRD (Deutscher Minenräumdienst). Er wurde mit Befehl vom 21. Juli 1945 unter britischer Führung aufgestellt. Die Besatzungen der Minensuchboote waren ehemalige Angehörige der Kriegsmarine, die auf diesen Booten gedient hatten. Es gab sechs Minenräumdivisionen.
Auf Betreiben der UdSSR, die in der GM/SA eine heimliche Wiederbewaffnung Deutschlands sah, musste die GM/SA am 31. Dezember 1947 aufgelöst werden. Die Fahrzeuge wurden neu verteilt: 54 gingen an die OMGUS (Militärregierung für Deutschland [Vereinigte Staaten]), die 20 an Privateigner und 34 an die Fischerei weitergab. Norwegen erhielt 13 Minensuchboote Typ 1940, Dänemark sechs R-Boote, Niederlande 10 R-Boote, je acht Minensuchboote Typ 1935 gingen an Frankreich und Großbritannien. Die USA erhielten 144 Fahrzeuge, davon 32 R-Boote und 23 Minensuchboote.
Zu diesem Zeitpunkt waren die deutschen Gewässer von Ankertauminen geräumt. Gefahr bestand noch von Grundminen. In der Ostsee, vor der Küste der sowjetischen Besatzungszone, gab es keine Aktivitäten durch den Minenräumdienst. Hier räumten Minensuch- und -räumboote der Baltischen Flotte der UdSSR die Hauptwege. Erst ab September 1952 begannen Einheiten der Volkspolizei-See (dem Vorläufer der Seestreitkräfte und der späteren Volksmarine der DDR) mit der Erfüllung von Räumaufgaben vor der Küste der DDR.
Um die noch bestehende Gefahr durch die Grundminen zu beseitigen, wurde am 01. Januar 1948 unter britischer Kontrolle der Minenräumverband Cuxhaven (MRVC) als Nachfolger der GM/SA aufgestellt. Diese verkleinerte, in Zivil eingekleidete Organisation bestand nur noch aus 12 von den USA ausgeliehenen R-Booten, drei Kriegsfischkuttern, einem Sperrbrecher, einem Tender und einem Tanker. Die Auflösung erfolgte am 30. Juni 1951. Die Aufteilung erfolgte in LSU (B) und in den Bundesgrenzschutz (See).
Die LSU (Labor Service Unit – deutsche Arbeitsgruppe im Dienst der amerikanischen Besatzungsmacht) teilte sich in zwei Bereiche auf: LSU (B) = Labor Service Unit (Bravo)
– Aufstellung ab 1. Februar 1951 in Bremerhaven und der LSU (C), Aufstellung zum gleichen Zeitpunkt als »Rhine River Patrol« (Rheinpatrouille). Zehn Torpedofangboote der Kriegsmarine bildeten den Grundstock dieser Einheit.
Die LSU (B) bestand aus 12 Räumbooten, fünf Minensuchbooten Typ 40, ein Boot vom Typ 43, drei Schnellbooten, ein U-Jäger, drei Flugsicherungsboote, sechs Patrouillenboote, eine Schleppergruppe, einem Kranschiff und einem Tanker.

17) Die Henschel Hs 297 »Föhn« war eine Kleinst-Flugabwehrrakete, 8,6 cm. Sie hatte ein Kaliber von 7,29 cm und wurde aus einem Gestell für 35 Raketen in Salve oder einzeln gegen Tiefflieger abgefeuert. Bis Februar 1945 sind 50 Geräte ausgeliefert

worden. 24 davon an die 3. Flak-Lehr- und-Versuchs-Abteilung, die sie am 02.03.1945 erstmalig im Raum Remagen gegen alliierte Jagdbomber einsetzte.
Sechs Werfergestelle fanden im Hafenbereich Helgoland Aufstellung. Ergebnisse sind nicht bekannt. Die geplante Ausrüstung von Minensuchbooten mit diesen Werfern ist wohl nicht mehr erfolgt. Drei R-Boote wurden allerdings damit ausgerüstet (?). Über erfolgte Einsätze des Gerätes ist nichts bekannt.

18) Die Namenskürzel wurden ab April 1957 durch Bordnummern ersetzt.

19) Nachzulesen: Robert Rosentreter, Im Seegang der Zeit, Ingo Koch Verlag, Rostock, 2000, S.: 80f. Bei Gerhard Koop und Siegfried Breyer, (Die Schiffe, Fahrzeuge und Flugzeuge der deutschen Marine von 1956 bis heute, Bonn 1996), liest sich die Kollision vom 02.11.1962 folgendermaßen:
»Genau genommen waren es zwei DDR-Boote dieses Typs, die versuchten, die MINDEN in die Zange zu nehmen und zu unüberlegten Manövern mit verbundenem Abdrängen in DDR-Hoheitsgewässer zu zwingen. Der Kommandant der MINDEN setzte schließlich als letztes Mittel dagegen die Verstellpropelleranlage ein, indem er auf „voll zurück" ging. Das verwirrte die Provokateure, aber eine Kollision ließ sich nicht vermeiden. Vermutlich war ihnen nicht bekannt, daß die Boote der LINDAU-Klasse über Verstellpropelleranlagen verfügten und waren daher völlig überrascht, so daß sie nicht mehr reagieren konnten. Der Vorfall, ein „Besonderes Vorkommnis", wurde sofort an das Flottenkommando gemeldet, und dieses gab alles weiter nach Bonn, wo der damalige Bundeskanzler diesen Zwischenfall sofort zur „Chefsache" erklärte (wohl, um es irgendwie politisch auszunutzen, was jedoch nie erfolgt ist); darüber hinaus hat die Presse und somit die Öffentlichkeit nie davon erfahren.«

20) Nicht zu verwechseln mit der Kondor-I-Klasse, welche mit Einführung der Kondor-II-Klasse in die 6. Grenzbrigade-Küste wechselte, um dort den Grenzdienst vorrangig in der Lübecker Bucht zu versehen.
21) Mit dem Bau der U-Boot-Zerstörer fand die Ausrüstung der Kaiserlichen Flotte mit Minensuch- und Räumbooten ihr Ende. Im August 1918 befanden sich fünf Minensuch- und Minenräumflottillen im operativen Dienst.
Sie bestanden aus:

- o 44 Torpedobooten,
- o 71 M-Booten,
- o 4 FM-Booten,
- o 58 F-Booten,
- o 22 UZ-Booten,
- o 4 Mutterschiffen,
- o 1 Werkstattschiff.

Hinzu kam eine Vielzahl von Fischereifahrzeugen, Motorbooten und Schleppern.

22) Der Schottelantrieb bzw. Schottel-Ruderpropeller ist ein Schiffsantrieb, bei dem die Manövrierfähigkeit im Vordergrund steht. Antrieb und Steuerung befinden sich in einer Baueinheit. Der Schub durch den Propeller kann durch das Schwenken der Gondel um 360° in jede beliebige Richtung gelenkt werden. Ein Ruderblatt ist nicht erforderlich.

Schottelantrieb. (Foto: Autor unbekannt – Wikipedia gemeinfrei)

23) Remus. Dieses autonome System scannt unter Wasser einen vorprogrammierten Bereich des Meeresbodens ab und überträgt die Bilder an das Minenjagdboot. Wird es fündig, geht der »Seefuchs« zu Wasser. Dann machen sich, wenn erforderlich, Taucher auf den Weg zu dem gefährlichen Objekt.
Das Gerät wiegt 37 kg und kann 100 Meter tief tauchen. Es bewegt sich zwei bis drei Meter über Grund und erreicht damit eine Suchstreifenbreite von 15 bis 20 Meter. Die maximale Einsatzdauer beträgt 22 Stunden bei einer Suchgeschwindigkeit von drei Knoten.

24) Das »MLG 27« (**M**arine-**L**eicht-**G**eschütz, neuere Typisierung: BK27M für **B**ord **K**anone **27** mm **M**arine) ist ein mittelkalibriges Automatikgeschütz der Firma Mauser. Die Revolverkanone dient zur Bekämpfung von ungepanzerten oder leicht gepanzerten See- und Luftzielen. Es wird fernbedient. Zur Zielverfolgung dient eine Tageslichtkamera und ein Wärmebildgerät. Ein Laserentfernungsmesser kann sowohl automatisch als auch manuell geschaltet werden. Es erreicht eine Feuergeschwindigkeit von 1700 Schuss/Minute. Die Reichweite beträgt 2000 Meter.

MLG 27. (Foto: Bundeswehr/Marine)

25) Nachzulesen bei Gerhard Koop und Siegfried Breyer »Die Schiffe, Fahrzeuge und Flugzeuge der deutschen Marine von 1956 bis heute«, Bernard & Graefe Verlag, Bonn 1966, S. 233.

26) Auszug aus dem Versailler Vertrag:

»Artikel 190.
Es ist Deutschland untersagt, irgendwelche Kriegsschiffe zu bauen oder zu erwerben, es sei denn zum Ersatz der durch den gegenwärtigen Vertrag vorgesehenen in Dienst gestellten Einheiten.
Die vorerwähnten Ersatzbauten dürfen keine größere Wasserverdrängung haben als
10.000 Tonnen für die Schlachtschiffe,
5000 Tonnen für die kleinen Kreuzer,
800 Tonnen für die Zerstörer,
200 Tonnen für die Torpedoboote.
Außer im Falle des Verlustes eines Schiffes dürfen die Einheiten der verschiedenen Klassen erst nach einem Zeitpunkt von
20 Jahren für die Schlachtschiffe und Kreuzer,
15 Jahren für die Zerstörer und Torpedoboote,
gerechnet vom Stapellauf an, ersetzt werden. …

Artikel 193.
Mit Inkrafttreten des gegenwärtigen Vertrags hat Deutschland unverzüglich die Räumung der Minen innerhalb folgender Zonen der Nordsee östlich von 4° 00‘ östlicher Länge von Greenwich in die Wege zu leiten:
1. zwischen 53° 00‘ und 59° 00‘ Breite,
2. nördlich von 60° 30‘ nördlicher Breite.
Deutschland hat diese Zonen frei von Minen zu halten.
Deutschland hat ebenso diejenigen Zonen der Ostsee, die ihm späterhin durch die Regierungen der alliierten und assoziierten Hauptmächte bezeichnet werden, von Minen zu säubern und freizuhalten.«

27) Nachzulesen: Reinhart Ostertag, Deutsche Minensucher – 80 Jahre Seeminenabwehr, Koehlers Verlagsgesellschaft, Herford, 1986, S.98.

28) Ebenda, S.104.

29) Zur Verfügung gestellt von Herbert Klein, Wien; Internetpublikation: Hans Grüner, Nürnberg, 2010.

30) Hans Georg Prager, Manfred Mittelstedt, Gefahr aus der Tiefe, Förderverein Deutsches Luftschiff- und Marinefliegermuseum AERONAUTICUM, Nordholz, 2005, Seite 9ff.

31) Ebenda, Seite 37.

32) Heinz J. Nowarra, Minensuchgruppe Mausi. Mit der Tante Ju in den Kampfeinsatz, FLUGZEUG Publikations GmbH, Illertissen, 1995, S30.

33) Die Minensuchgruppe 1 umfasste 6 Staffeln:
- o 1. Staffel: Dänemark und Hafengebiet Oslo.
- o 2. Staffel: Deutsche Bucht und Kanalküste.
- o 3. Staffel: Frankreich die ganze Atlantikküste von Brest bis Biarritz.
- o 4. Staffel: Italien-Adria, Mittelmeer, Nordafrika.
- o 5. Staffel: Rumänien, Krim, Donaudelta.
- o 6. Staffel: Gesamte Ostseeküste vom Kaiser-Wilhelm-Kanal bis in die östliche Ostsee.

34) Günther Lampert, Sperrbrecher »Sperber« im Einsatz gegen Schiffe, Flugzeuge und Minen, Arthur Moewig Verlag München, 1958, S. 13f.

34a) Das »Explosion Resistant Multi Influence Sweep System (*ERMISS*)« war ein NATO-Programm zur Seeminenabwehr, dessen Führung Deutschland übernommen hatte. Vorgesehen war ein Simulationsräumsystem, mit dem Minen aller Art einschließlich solcher mit Druckzündeinrichtungen bei vermindertem Risiko für Mensch und Material geräumt werden sollten. Es handelte sich dabei um einen Sperrbrecher. Beteiligt waren gemäß einem Übereinkommen vom 25. April 1978 Deutschland, Frankreich, Großbritannien, die Niederlande und die Vereinigten Staaten. Das Programm konnte allerdings nicht zu einem qualifizierten Abschluss gebracht werden.

35) Die Fotos der Sperrbrecher wurden entnommen: Kreiser.unoforum.ru: *ALLE FOTOS DES FORUMS SIND ZUM KOSTENLOSEN KOPIEREN BESTIMMT UND JEDER HAT DAS RECHT, NACH EIGENEM VERSTÄNDNIS DAMIT UMZUGEHEN.*

36) F. Schichau, Maschinen- und Lokomotivfabrik, Schiffswerft und Eisengießerei GmbH, Elbing – Ostpreußen.

37) »Vertrag über die Umsiedlung lettischer Bürger deutscher Volksangehörigkeit in das Deutsche Reich – vom 30. Oktober 1929. Auch mit Estland wurde ein Vertrag über die Rückführung abgeschlossen. Beide Verträge waren die Folge des Hitler-Stalin-Paktes, was 1941 zur Angliederung beider Staaten an die UdSSR führte.
Für die Aussiedlungsaktion von Anfang November bis Mitte Dezember 1939 wurden über 100 Schiffe mit großer Tonnage eingesetzt. Aus Lettland wurden etwa 51.000 und aus Estland etwa 13.700 Menschen nach Deutschland umgesiedelt.

38) So bei »Peter Arndt, Deutsche Sperrbrecher 1914–1915, Bonn 2005, Seite 242 ... unter der Flagge der NVA der DDR ...«;
oder bei: »Erich Gröner, Die deutschen Kriegsschiffe 1815–1945, Band 3, Koblenz 1985, Seite 259 ... 1952 Einsatz bei der Volksmarine der DDR ...« u.a.m.

39) Vgl. (wie Anm. 30), S. 57f.

40) Peter Arndt, Deutsche Sperrbrecher 1914–1915, Bonn 2005.

41) Vgl.: Hans-Ulrich Wehler, Bismarck und der Imperialismus, Kiepenheuer & Witsch, Köln/München 1976, S. 423f.

42) Manöver-Geschwader – Kurzzeitige Struktur. Bis Anfang des 20. Jahrhunderts wurden viele Schiffe über die Wintermonate aufgelegt bzw. nur notdürftig in Betrieb gehalten. Nach der Frühjahresaktivierung wurden Manöver-Flotten bzw. Geschwader gebildet, um die Schiffe wieder voll einsatzfähig zu machen.

43) Am 25. August 1914 stieß SMS MAGDEBURG in den Finnischen Meerbusen vor und lief am nächsten Tag bei dichtem Nebel vor der estnischen Nordküste auf Grund. Es konnte nicht wieder flott gemacht werden. Als sich die russischen Kreuzer BOGATYR und PALLADA näherten und die MAGDEBURG beschossen, sprengte die Besatzung ihr Schiff. Bevor die Russen das Feuer eröffneten, wurde eins der mit Blei beschwerten Signalbücher über Bord geworfen. Russische Taucher konnten das Buch bergen, zwei weitere wurden später von den Russen an Bord gefunden.
Das Torpedoboot *V 26* und der Kleine Kreuzer SMS AMAZONE übernahmen die Überlebenden, einige kamen in russische Gefangenschaft.

Die Russen boten eins der Signalbücher ihren britischen Verbündeten an, die es am 13. Oktober 1914 dankbar annahmen. Es erwies sich in der Folge als ein äußerst wertvolles Geschenk, denn es gelang den Briten, durch ihren neu gegründeten Marinenachrichtendienst »Room 40« und mit Hilfe des Signalbuches, die Entzifferung aller deutschen Marinefunksprüche, was sich für die Royal Navy als enormer strategischer und taktischer Vorteil im Seekrieg erwies.

44)

45) P. Schubert, E. Weddige, H Sohst, P. Kurze, E. Wirth; Die deutschen Marinen im Minenkrieg, Band 1, Rostock 2006, S. 2521

46) Das Kriegsgefangenenlager Koje befand sich auf der Insel Koje Do (auch Geojedo), vor der Südspitze der koreanischen Halbinsel. Im sogenannten »UN prisoner of war camp No. 1« waren tausende nordkoreanische und chinesische Gefangene untergebracht. Unter ihnen waren auch Zivilisten. Als Bewacher waren Soldaten des »US 27th Infantry Regiment« eingesetzt. Das Lager bestand vom 27.11.1950 bis zum 27.07.1953. Zum Höhepunkt waren dort 173.000 Gefangene untergebracht, davon etwa 150.000 Nordkoreaner, 20.000 Chinesen und 3000 Frauen.

47) Finnisch: KANSA TAISTELL, N:o 9/1984, S. 293F / sowie: Finnische Marine 1918–1968 II, Otava, 1968, Marineoffiziersvereinigung, S. 155.

48) Siehe: MarineForum 1/2-2020, Die »Hacken«, S. 42f.

49) Carl Kircheiß (17.07.1887–06.12.1953) war ein deutscher Kapitän, Weltumsegler, Walfänger und Polarforscher. Seine seemännische Laufbahn begann 1901 bis 1904 als Schiffsjunge auf der Bark NÜRNBERG. In den Folgejahren fuhr er zur See, unter anderem war er im Juli 1907 mit der Eisenrumpfbark FÜRST BISMARCK bei Kap Hoorn. 1912 folgte das Kapitänspatent. Damit war der 25-jährige einer der jüngsten Kapitäne in Deutschland.
Mit Kriegsausbruch kehrte er über Buenos Aires nach Deutschland zurück und übernahm am 30. August 1914 in Wilhelmshaven das Kommando eines kleinen Vorpostenbootes der Nordseevorpostenflottille. Von Dezember 1916 an war er Leutnant zur See. Nach einem Schiffbruch am 2. August 1917 auf einem Riff vor der südpazifischen Insel Mopelia (Gesellschaftsinseln) segelte er mit Graf Luckner und vier weiteren Seeleuten rund 2.300 sm in einem offenen Boot von sechs Metern Länge durch den Pazifik und wurde auf der Insel Motuihe im neuseeländischen Hauraki Gulf interniert. Aus der Internierung gelang es Luckner und Kircheiß, am 13. Dezember 1917 mit dem gekaperten Motorboot PEARL des Inselkommandanten zu fliehen. Sie enterten den Schoner MOA, wurden jedoch kurz darauf erneut durch den Dampfer IRIS bei der Macauleyinsel gefangen genommen. Es folgte der Rücktransport nach Motuihe und die erneute Internierung. 1919 wurde Kircheiß aus der Gefangenschaft entlassen und kehrte mit der WILLOCHRA nach Deutschland zurück.
Vom 02.01.1926 bis 29.12.1927 umsegelte er mit dem Kutter HAMBURG die Welt und wurde in Deutschland bekannt.
1930 fuhr er als Passagier mit dem norwegischen Walfänger LEIESTEN in die Antarktis und das südliche Eismeer, um Wissen über die Durchführung des Walfangs zu erlangen. Nach der Fangsaison fuhr er im Frühjahr 1931 über Argentinien an die südamerikanische Westküste. Die Monate um den Jahreswechsel verbrachte er in Panama und reiste dann rechtzeitig zum Sommer auf der Nordhalbkugel nordwärts, um den Wal- und Lachsfang in Alaska und der Beringstraße zu studieren. Ende 1932 kam Kircheiß nach Hamburg zurück.
Am 25. März 1935 wurde die *Erste Deutsche Walfang-Gesellschaft m.b.H.* In Bremerhaven gegründet. Es konnte eine Fangflotte aufgebaut werden,

die bereits 1936 rund 35.000 t Tran und 1000 t Walmehl erzielte. Im Frühjahr 1939 übernahm Kircheiß für 90 Tage das Kommando auf dem Walfänger WIKINGER mit 13 Fangbooten.
Mit Beginn des Zweiten Weltkriegs 1939 erhielt er zunächst das Kommando über das Minenschiff KAISER, dann über eine U-Boot-Falle. Als diese torpediert wurde, erlitt er schwere Verletzungen. Nach seiner teilweisen Genesung war er Ausbilder bei der Marine in Hamburg, später leitete er ein Wehrbezirkskommando in Westfalen.
Nach dem Krieg wollte Kircheiß wieder ein eigenes Schiff kaufen und arbeitete darauf hin. 1949 erwarb er ein elf Meter langes Magnetboot der Marine, takelte es zum Hochsee-Segler um, und nannte es WAL HOO. Im Herbst 1951 segelte er in 62 Tagen einhand 3060 sm zu den Azoren, geriet in einen Orkan und musste seine geplante Atlantiküberquerung dort abbrechen. Carl Kircheiß starb durch einen Verkehrsunfall: Er wurde beim Queren der Hamburger Elbchaussee von einem Personenkraftwagen angefahren. Sein Grab befindet sich auf dem Nienstedtener Friedhof. (Nach: Wikipedia)

50) »Königslinie« – frühere Eisenbahnfährverbindung von Sassnitz auf Rügen nach Trelleborg in Schweden. Sie stellt mit einer Fahrzeit von 4 Stunden die kürzeste direkte Verbindung zwischen Deutschland und Schweden her.
Benannt ist sie nach Kaiser Wilhelm II als König von Preußen und dem schwedischen König Gustav V. Nach den erforderlichen Umbauarbeiten benutzte bereits am 6. Juli 1909 der erste Zug die neue Fähre in Anwesenheit des schwedischen Königs und des deutschen Kaisers. Dies gilt als »eigentlicher« Eröffnungstermin für die Königslinie.

51) Die beiden Vorstöße im August 1915 in die Rigaer Bucht fanden mit dem Ziel statt, den Rigaer Meerbusen unter Kontrolle zu bekommen und Riga von Land aus zu besetzen. Teile der Hochseeflotte übernahmen die Sicherung. Aufgabe der DEUTSCHLAND war die Sperrung des Moon-Sundes mittels Minen. Dazu war es notwendig, die umfangreichen Minensperren der Russen in der Irbenstraße zu durchbrechen. Für diese Aufgabe wurden die II. Minensuchdivision und die Hilfsminensuchdivision Naufahrwasser eingesetzt. Unter Beschuss von russischen Einheiten und dem Gegenfeuer der deutschen Sicherungskräfte dauerte das Räumen der Minen neun, statt der geplanten drei Stunden. Die DEUTSCHLAND konnte damit ihre Minensperre bei Tageslicht im Moon-Sund nicht mehr werfen. Auch später gelang es ihr nicht. Es kam zu wechselnden Gefechten.
Am 16. August erfolgte ein zweiter Vorstoß. Diesmal konzentrierten sich die Räumkräfte auf die Südeinfahrt der Irbenstraße bei Lyser Ort. Unter Deckung begann der Durchbruchsversuch um 04:00 Uhr durch die II. Minensuchdivision. Russische Einheiten versuchten durch Störfeuer den Durchbruch zu verhindern. Sie wurden aber durch Gegenfeuer der deutschen Sicherungskräfte niedergerungen. Um 17:00 Uhr erfolgte der Abbruch der Räumaktion wegen der einbrechenden Dunkelheit. Sie wurde am folgenden Tag ohne Störungen fortgesetzt.
Am 19. August erfolgte der Einbruch in die Rigaer Bucht. Der Kleine Kreuzer BREMEN sowie die Torpedoboote *S 34* und *V 30* liefen Richtung Arensburg auf Ösel (heute Kuressare auf Saaremaa) und beschossen den Hafen. Der Kleine Kreuzer GRAUDENZ besetzte mit einer Torpedobootshalbflottille eine Vorpostenlinie zwischen Kap Domesnäs (Horn von Kolka) und der in der Rigaer Bucht mittig liegenden Insel Runö (Ruhnu). Der Kleine Kreuzer AUGSBURG überwachte mit dem Torpedoboot *V 100* den im nordöstlichen Teil der Rigaer Bucht liegenden Hafen Pernau.
Das Minenschiff DEUTSCHLAND, drei mit je 12 Minen beladene Torpedoboote und als Deckung der Kreuzer PILLAU liefen Richtung Moon-Sund, um die geplante Minensperre zu legen. Sie trafen auf eine russische Minensperre und russische Zerstörer. Die Zerstörer konnten zwar zum Rückzug gezwungen werden, nachdem es aber am 20. und 21. August nicht gelungen war, die Sperre zu legen und dann auch noch U-Boot-Alarm gegeben werden musste, wurde die Minenoperation abgebrochen und der Rückmarsch angetreten.
Am 21.08.1915 um 15:30 Uhr verließ die Nachhut der deutschen Flotte die Rigaer Bucht und die Operation wurde beendet.
Die Deutschen verloren zwei Torpedoboote, drei Minensuchboote und ein U-Boot. Zahlreiche Schiffe waren beschädigt. 81 Seeleute waren gefallen.

Die russische Flotte verlor zwei Kanonenboote und zahlreiche Schiffe waren angeschlagen. Die Anzahl der menschlichen Verluste ist nicht bekannt.
(Die wesentlich umfangreichere Operation ist nachzulesen auf: Wikipedia.)

52) Die Schlacht im Moon-Sund – nördlich der Rigaer Bucht – fand am 17.10.1917 zwischen deutschen und russischen Seestreitkräften statt. Sie war Bestandteil des Unternehmens Albion – ein amphibisches Landungsunternehmen des Deutschen Reiches, welches gemeinsam von Heer und Marine im September und Oktober 1917 zur Besetzung der baltischen Inseln Ösel (Saaremaa), Dagö (Hiiumaa) und Moon (Muhu) durchgeführt wurde. Die Inseln waren Teil des Russischen Reiches. Im Ergebnis der Gesamtoperation Albion musste Russland die Rigaer Bucht den Deutschen überlassen. Damit war der Aktionsradius der russischen Flotte in der Ostsee stark eingeschränkt.
Weiterführende Literatur:

- Michael B. Barett, Operation Albion: The German Conquest of the Baltic Islands, Indiana University Press, Bloomington, 2008.
- Gary Staff, Battle of the Baltic Islands 1917: Triumph of the Imperial German Navy, Pen & Sword Maritime, Barnsley, 2008.

53) Das Unternehmen Seelöwe war die im Zweiten Weltkrieg von der Wehrmacht vorbereitete, aber nicht verwirklichte Invasion Großbritanniens.

54) 1703: St. Petersburg; 1914: Petrograd; 1924: Leningrad; 1991: St. Petersburg.

55) COBRA – 1926 in Dienst. Seebäderschiff der HAPAG. 26.08.1939 zur KM. Umrüstung zum Minenschiff. Legte mit Kriegsbeginn Minensperren in der Nordsee und ab April 1940 vor Norwegen. Gemeinsam mit weiteren Minenschiffen, Sperre in der südwestlichen Nordsee, nordwestlich von Texel (holländische Nordseeinsel). In der Nacht zum 01.09.1940 geriet der britische Zerstörer EXPRESS in die Sperre und erhielt einen Minentreffer. Das zur Hilfe eilende Schwesterschiff ESK sank nach einem Minentreffer. Auch die ebenfalls zur Hilfe kommende IVANHOE wurde von einem Minentreffer schwer beschädigt und musste schließlich selbst versenkt werden. Die schwer beschädigte EXPRESS konnte eingeschleppt werden.
Ab Juni 1941 Einsatz in der Ostsee. Verlegen von Minenfeldern im Finnischen Meerbusen und an der Nordküste Estlands. 27.08.1942 durch Fliegerbombe in der Wildton-Werft – Niederlande gesunken.

56) Der Seedienst Ostpreußen war zwischen 1922 und 1939 eine kombinierte Personen- und Frachtschiffsverbindung des Deutschen Reiches.

57) Hans Howaldt (12.11.1888–06.09.1970). Am 1. April 1907 wurde er Seekadett der Kaiserlichen Marine, 1910 Leutnant zur See, 1913 Oberleutnant zur See und am 2. August 1914 Adjutant auf dem Linienschiff SMS ELSASS. Nach dem Besuch der Unterseebootschule in Mürwik wurde er 1916 zur U-Flottille Flandern nach Zeebrugge versetzt und war im U-Boot-Krieg Kommandant der U-Boote *UC 4, UB 40* und *UB 107*, die unter seinem Kommando vorwiegend im Ärmelkanal 76 Schiffe mit rund 150.000 Tonnen versenkten. Er wurde mit dem Eisernen Kreuz II. und I. Klasse ausgezeichnet und war Träger des Hamburger und des Lübecker Hanseatenkreuzes sowie des Ritterkreuzes des Königlichen Hausordens von Hohenzollern mit Schwertern und des Kronordens IV. Klasse. Am 23. Dezember 1917 erhielt Hans Howaldt auch den Pour le Mérite und am 18. Januar 1918 wurde er Kapitänleutnant. Nach Kriegsende schied er aus dem aktiven Dienst aus.
Bei den Olympischen Sommerspielen 1936 ersegelte er als Steuermann in der Crew der Krupp-Yacht *Germania III* vor Kiel für Deutschland die Bronzemedaille in den Wettfahrten der Internationalen 8-Meter-Klasse. Im Zweiten Weltkrieg führte er zunächst 1939 auf der vormals im Seedienst Ostpreußen eingesetzten HANSESTADT DANZIG des Norddeutschen Lloyd als ältester Kommandant den Verband der Minenschiffe und war dann im Oberkommando der Kriegsmarine, zuletzt als Kapitän zur See z. V., tätig. Nach dem Krieg widmete er sich gemeinsam mit seinen Söhnen dem Wiederaufbau des Familienunternehmens *Heinrich Zeiss KG.*

58) Die LEOPARD war ein Torpedoboot der Reichs- und der Kriegsmarine. Es gehörte zur Raubtier-Klasse und war am 15.08.1929 in Dienst gestellt worden. Im Zweiten Weltkrieg nahm die LEOPARD an Minenlegeinsätzen in der Nordsee teil und wurde mit Geleitschutz- und Sicherungsaufgaben betraut. Während des Unternehmens Weserübung war das Torpedoboot Bestandteil der Gruppe 3, die Bergen angriff. Sie sank bei einem Minenunternehmen am 30. April 1940 nach einer Kollision mit dem Minenschiff PREUSSEN. Das Ruder des Torpedobootes versagte und es lief dem Minenschiff direkt vor den Bug. Die PREUSSEN traf die LEOPARD an der achteren Steuerbordseite und das Boot wurde bis zur Schiffsmitte aufgerissen. Ein Seemann starb.

Die LEOPARD.

59) Der Sperre nördlich von Dagö fiel der russische Zerstörer GNEVNY zum Opfer. Er sank am 23.06.1941, dem Schweren Kreuzer MAXIM GORKI (*Максим Горький*) wurde das Vorschiff abgerissen und der Zerstörer GORDIJ wurde am Bug beschädigt. Die MAXIM GORKI wurde erst am 12.12.1940 in Dienst gestellt und konnte erst nach dem Krieg wieder endgültig instand gesetzt werden.

60) Zitiert aus: Kutzleben, Karl v.; Schroeder, Wilhelm: Brennecke, Jochen; Minenschiffe 1939–1945; Köhler, 2002, S.87.

61) Einhüllenboote: Bei diesen Booten ist die Druckkörperhülle mit dem Schiffsrumpf identisch. Die Tauchzellen sind innerhalb des Druckkörpers angebracht. Bei Zweihüllenbooten sind die Tauchzellen außerhalb des Druckkörpers angebracht. Dadurch ist mehr Platz im Druckkörper.

62) Das U-Boot *U 117* wurde 1919 in folgenden USA-Städten vorgeführt: in Philadelphia (Pennsylvania); Wilmington (Delaware); Charleston (South Carolina); Wilmington (North Carolina); Norfolk (Virginia); Baltimore (Maryland); Annapolis (Maryland); Washington – DC.

63) Die LUSITANIA wurde am 7. Mai 1915 von SM *U 20*, einem U-Boot der deutschen Kaiserlichen Marine, vor der Südküste Irlands versenkt, wobei 1198 Menschen ums Leben kamen. Die Proteste der USA wegen des Todes von 128 US-Amerikanern führten zur Einstellung des uneingeschränkten U-Boot-Krieges durch das Deutsche Reich bis zum Februar 1917. Gemessen an der Zahl der Todesopfer, war die Versenkung der LUSITANIA der größte Schiffsverlust im Ersten Weltkrieg, hinsichtlich der Tonnage der drittgrößte Verlust. Die LUSITANIA sei mit Geschützen ausgerüstet gewesen und wäre zum Transport mit Kriegsmaterial benutzt worden. Tatsächlich hatte die Lusitania 4200 Kisten Munition und rund 1250 Kisten Geschosshülsen an Bord gehabt. Die Ladepapiere und entsprechende Berichte überlebender Passagiere wurden von amerikanischer Seite geheim gehalten.
Aus der Antwortnote der deutschen Regierung an Amerika:
»Berlin, 30. Mai.
Die Antwortnote der kaiserlich deutschen Regierung in der „Lusitania"-Angelegenheit lautet wie folgt:
Berlin, 28. Mai.
Der Unterzeichnete beehrt sich, Seiner Exzellenz dem Botschafter der Vereinigten Staaten von Amerika, Herrn James W. Gerard, auf das Schreiben vom 15. d. M. über die Beeinträchtigungen amerikanischer Interessen durch den deutschen Unterseebootskrieg nachstehendes zu erwidern: Was die Verluste an Menschenleben bei der Versenkung des britischen Passagierdampfers „Lusitania" anlangt, so hat die deutsche Regierung den beteiligten neutralen Regierungen bereits ihr lebhaftes Bedauern darüber zum Ausdruck gebracht, daß Angehörige ihrer Staaten ihr Leben bei dieser Gelegenheit verloren haben. Die kaiserliche Regierung vermag sich im übrigen dem Eindruck nicht zu verschließen, daß gewisse wichtige Tatsachen, die im unmittelbarsten Zusammenhang mit der Versenkung der „Lusitania" stehen, der Aufmerksamkeit der Regierung der Vereinigten Staaten entgangen sein könnten. Sie hält es

deshalb im Interesse des von beiden Regierungen angestrebten Zieles einer klaren und vollen Verständigung für notwendig, sich zunächst davon zu überzeugen, daß die den beiden Regierungen vorliegenden Nachrichten über den Sachverhalt vollständig sind und übereinstimmen.
Die Regierung der Vereinigten Staaten geht davon aus, daß die „Lusitania" als ein gewöhnliches, unbewaffnetes Handelsschiff zu betrachten ist. Die kaiserliche Regierung gestattet sich, in diesem Zusammenhange darauf hinzuweisen, daß die „Lusitania" einer der größten und schnellsten, mit Regierungsmitteln als Hilfskreuzer gebauten englischen Handelsdampfer war und in der von der englischen Admiralität herausgegebenen „Navy List" ausdrücklich aufgeführt ist. Der kaiserlichen Regierung ist ferner aus zuverlässigen Angaben ihrer Dienststellen und neutraler Passagiere bekannt, daß schon seit längerer Zeit so gut wie alle wertvolleren englischen Handelsschiffe mit Geschützen, Munition und anderen Waffen versehen und mit Personen bemannt sind, die in der Bedienung der Geschütze besonders geübt sind. Auch die „Lusitania" hat nach hier vorliegenden Nachrichten bei der Abfahrt von New York Geschütze an Bord gehabt, die unter Deck versteckt aufgestellt waren.
Die kaiserliche Regierung beehrt sich ferner die besondere Aufmerksamkeit der amerikanischen Regierung darauf zu lenken, daß die britische Admiralität ihrer Handelsmarine in einer geheimen Anweisung vom Februar dieses Jahres empfohlen hat, nicht nur hinter neutralen Flaggen und Abzeichen Schutz zu suchen, sondern sogar unter dieser Verkleidung durch Rammen angriffsweise gegen deutsche Unterseeboote vorzugehen. Auch sind als besonderer Ansporn zur Vernichtung der Unterseeboote durch Handelsschiffe von der britischen Regierung hohe Preise ausgesetzt und auch bereits ausgezahlt worden. Angesichts dieser ihr einwandfrei bekannten Tatsachen vermag die kaiserliche Regierung englische Kauffahrteischiffe auf dem vom Admiralstabe der kaiserlich deutschen Marine bezeichneten Seekriegsschauplatz nicht mehr als „unverteidigtes Gebiet" anzusehen; auch sind die deutschen Kommandanten infolgedessen nicht mehr in der Lage, die sonst für das Seebeuterecht üblichen Regeln zu beobachten, denen sie früher stets nachgekommen sind. Endlich muß die kaiserliche Regierung besonders darauf hinweisen, daß die „Lusitania", wie schon früher, so auch auf ihrer letzten Reise kanadische Truppen und Kriegsmaterial, unter diesem nicht weniger als 5400 Kisten Munition, an Bord hatte, die zur Vernichtung tapferer deutscher Soldaten, die mit Opfermut und Hingebung ihre Pflicht im Dienst des Vaterlandes erfüllen, bestimmt war. Die deutsche Regierung glaubt in gerechter Selbstverteidigung zu handeln, wenn sie mit den ihr zu Gebote stehenden Kriegsmitteln durch Vernichtung der für den Feind bestimmten Munition das Leben ihrer Soldaten zu schützen sucht. ... ...Nach der ausdrücklichen Meldung des betreffenden U-Boot-Kommandanten, die durch alle sonstigen Nachrichten lediglich bestätigt wird, kann es keinem Zweifel unterliegen, daß der rasche Untergang der „Lusitania" in erster Linie auf die durch den Torpedoschuß verursachte Explosion der Munitionsladung zurückzuführen ist. Anderenfalls wären die Passagiere der „Lusitania" menschlicher Voraussicht nach gerettet worden.
Indem der Unterzeichnete Seine Exzellenz den Herrn Botschafter bittet, vorstehendes zur Kenntnis der amerikanischen Regierung zu bringen, benutzt er diesen Anlaß, um dem Herrn Botschafter die Versicherung seiner ausgezeichnetsten Hochachtung zu erneuern. gez. Jagow. « Nachzulesen in: »Der Weltkrieg am 30. Mai 1915, Deutscher Heeresbericht.«

64) Blohm & Voss, Hamburg baute 24 Boote; Vulcanwerft, Hamburg: 21 Boote; AG Weser, Bremen: 3 und die Kaiserliche Werft Danzig baute 16 Boote.

65) Es wurden zwei verschiedene Minentypen verwendet, die aus Torpedorohren ausgestoßen werden konnten: Die Torpedomine A (TMA), eine Ankertaumine mit 215 kg Ladung und Torpedomine B (TMB), eine Grundmine mit Fernzündung und 580 kg Ladung. Die TMC, basierend auf TMB, hatte eine Ladung von 935 kg.

66) Nach der Kapitulation der deutschen Wehrmacht am 08.05.1945 wurden bis Ende 1945 etwa 170 fahrbereite U-Boote demunitioniert und in schottische Häfen überführt. 47 Boote wurden als Kriegsbeute an die Siegermächte verteilt (10 an GB; 11 an USA; 7 an Norwegen; 12 an UdSSR; 6 an Frankreich; 1 an Kanada). 114 U-Boote wurden im Rahmen der Operation »Deadlight« von britischen U-Booten, Schleppern, Geleitzerstörern und Fregatten in die Gebiete um Malin Head (Nordspitze Irlands), Bloody Foreland (im Nordwesten Irlands – Atlantikküste) und Tory Island (Insel vor der nordwestlichen Küste von Irland) geschleppt und versenkt. Über 50 Boote sollen bereits bei der Überführung zur Versenkung verloren gegangen sein. Die Aktion ging vom 27.11.1945 bis 12.02.1946. Beteiligt waren sechs britische und vier polnische Zerstörer sowie Flugzeuge der Royal Air Force.

67) Der Schnorchel war ein Hohlmast, über den die Dieselmotoren an Bord von U-Booten mit Frischluft versorgt und die Abgase abgeleitet wurden. Dadurch brauchten dieselgetriebene U-Boote nicht auftauchen, um ihre Batterien aufzuladen.

Die Funkmess-Station »Hohentwiel U« war die Anpassung des Radargerätes der Luftwaffe, FuG 200 »Hohentwiel« für die Marine. Die Reichweite betrug bei 8 m Antennenhöhe 8 bis 10 km gegen Seeziele und 15 bis 20 km gegen Luftziele in 200 m Höhe.

68) Minen können leicht produziert werden und unbeobachtet, sogar von Handelsschiffen gelegt werden. Ihre terroristische Anwendung wurde im Sommer 1984 sichtbar. Innerhalb von fünf Wochen fielen 18 Schiffe so einem Anschlag zum Opfer: Im Roten Meer hatte ein unbekanntes Handelsschiff eine größere Anzahl von Minen gelegt. Ein Bekennerschreiben bezifferte 190 Stück. Auch der DDR-Frachter GEORG SCHUMANN wurde am 02.08.1984 auf der Fahrt von Assab nach Port Sudan getroffen und stark beschädigt.

Etwa 30 Minenabwehrfahrzeuge aus sieben Nationen (Bundesmarine war nicht beteiligt) suchten und räumten von August bis November 1984. Eine Mine wurde geborgen und untersucht. Dabei wurde festgestellt, dass es sich um ein russisches Produkt handelte, dessen Ladung reduziert worden ist, damit die Explosion zu Beschädigungen, aber nicht zu Versenkungen führen sollte.

69) Die NATO unterhält vier ständige Einsatzverbände, welche von den Mitgliedsstaaten mit Schiffen und Booten unterstützt werden. Gemeinsam mit Luft- und Landstreitkräften bilden sie die 2002 aufgestellt NATO-Eingreifgruppe NRF (NATO Response Force).

Die SNMCMG 1 ist eine davon (Standing NATO Mine Countermeasures Group 1). Ihre Aufgabe besteht in der sofortigen einsatzfähigen Reaktionsfähigkeit bei Minengefahren.

GLOSSAR

achterlich: Bezeichnung für alles, was zwischen recht achteraus (genau in Längsrichtung eines Schiffes) und querab (genau senkrecht zur Schiffslängsrichtung) vom Schiff liegt oder aus dieser Richtung kommt, z.B.: achterlicher Wind.

achtern: alles, was an Bord hinter der Mitte des Schiffes liegt.

Back: vorderer, meist erhöhter Teil des Vorschiffes.

Backbord: ist die linke Seite eines Schiffes, in Richtung Bug gesehen.

Besatzung: Als Besatzung wird die Gesamtheit des einem Schiff zugeteilten Personals verstanden (vgl.: Crew, Mannschaft).

Dampfturbine: Strömungswärmekraftmaschine mit hoher Drehzahl, bei der die Energie des Wasserdampfes mehrere Laufräder zum Rotieren bringt. Sie ist wirtschaftlicher und geräuscharmer als eine Kolbendampfmaschine.

Crew: In der Marine wird als Crew ihre Offiziersanwärterlehrgänge bezeichnet. So bilden die Offiziersanwärter, die im Juli 2020 ihre Ausbildung begonnen haben, die Crew VII/20. Der Zusammenhalt einer Crew besteht über die Dienstzeit hinaus (vgl.: Besatzung, Mannschaft).

Detonation: Schlagartige Zersetzung von brisanten Sprengstoffen im Unterschied zur Explosion, bei der die Umsetzung langsamer und ansteigend verläuft.

Dwarsline: Marsch- oder Gefechtsformation mehrerer auf gleichem Kurs nebeneinander laufender Schiffe: Dwarslinie backbord oder steuerbord vom Führungsschiff.

Fregatte: Kampfschiff, das hochseefähig und in besonderer Weise für Schutz- und Geleitaufgaben geeignet ist. Es sind Mehrzweckkampfschiffe, die in drei Dimensionen ein Gefecht führen können: gegen Flugzeuge/Flugkörper, Überwasserschiffe und U-Boote.

Havarie: Beschädigung eines Schiffes durch Zusammenstoß, Grundberührung, Sturm- und Seeschaden.

Hilfsschiff: Es sind zwei Definitionen möglich: Rechtlich sind es Schiffe einer Marine, die nicht den rechtlichen Status eines Kriegsschiffes besitzen, weil sie zivile Besatzungen haben. Zweitens sind es Schiffe, die keine Kampf-, sondern hauptsächlich Unterstützungsaufgaben haben (vgl.: Versorgungsschiff).

Hoheitsgewässer: Auch Territorialgewässer. Streifen im Meer, der die inneren Gewässer und das Küstenmeer (ausschließlich die Wirtschaftszone) umfasst. Jeder Staat hat das Recht, seine Hoheitsgewässer bis zu max. 12 sm Breite auszudehnen.

Hohe See: Die Hohe See ist ein staatenfreier Raum, in dem für alle Staaten die gleichen Rechte und Pflichten gelten.

Hulk: Ist ein außer Dienst gestelltes Schiff. Es kann aber weiter genutzt werden als Wohn-, Ziel- oder Lazarettschiff. Vereinzelt wurden solche Schiffe auch als Gefängnisse oder Lager genutzt.

Kapitän: Bezeichnung für den Schiffsführer eines zivil besetzten Schiffes. Der Schiffsführer von Kriegsschiffen heißt Kommandant. Kapitän ist außerdem die einheitliche Anrede für alle Stabsoffiziere der Marine.

Kiellinie: Marsch- oder Gefechtsformation mehrerer hintereinander laufender Schiffe.

Kommandant: Bezeichnung für den Schiffsführer eines Kriegsschiffes. Kommandanten sind Offiziere. Sie sind zugleich militärische Vorgesetzte der Besatzung und nautisch verantwortliche Schiffsführer.

Konterbande: Ware, die nicht unkontrolliert in ein Land eingeführt werden darf; im Kriege Waren, die direkt oder indirekt der Kriegsführung dienen.

Korvette: Kampfschiff, das in besonderer Weise für Schutz- und Geleitaufgaben geeignet ist. Korvetten sind kleiner als Fregatten und insbesondere für den Küsten- und Randmeerraum geeignet. Sie können in mindestens zwei Dimensionen kämpfen: gegen Flugzeuge/Flugkörper und Überwasserschiffe oder gegen U-Boote.

Kreuzer: Größere Kampfschiffe, die nur noch in wenigen Marinen vorhanden sind. Kreuzer sind befähigt in drei Dimensionen zu kämpfen: gegen Flugzeuge, Überwasserschiffe und U-Boote. Sie sind zur Führung von Marineverbänden befähigt.

Kriegsschiff: Gemäß Seerechtsübereinkommen (Art. 29) ein Schiff, das zu den Seestreitkräften eines Staates gehört, dessen Besatzung von einem Offizier (Kommandant) geführt wird, welche militärischer Disziplin unterliegt und in der Liste der Kriegsschiffe des Staates aufgeführt ist.

Mannschaft: Bezeichnung für Angehörige der untersten Dienstgradgruppe.

Messe: Speise- und Aufenthaltsraum für die Besatzung.

Minenabwehr: Sind alle Maßnahmen zur Abwehr von Seeminen. Neben dem Einsatz von speziellen Minenabwehrfahrzeugen umfasst die Minenabwehr technische und administrative Maßnahmen, um die Minengefahr für Schiffe zu verringern. Dazu gehören der magnetische Eigenschutz und die Einrichtung abgesuchter Schifffahrtswege.

Minensuchboot/Minenjagdboot: Fahrzeuge mit der Spezialaufgabe Minenabwehr. Minensuchboote dienen der Räumung eines Gebietes. Ankertauminen bekämpfen sie, indem sie Räumgeräte durch die See ziehen. Um Grundminen unschädlich zu machen, simulieren Minensuchboote die Geräusch- und Magnetfelder größerer Schiffe. Minenjagdboote suchen einzelne Minen mit einem akustischen Ortungsgerät (Sonar) und bekämpfen sie gezielt mit Hilfe von Unterwasserdrohnen und Minentauchern.

Minentaucher: Sind Spezialisten, die nach Minen und anderen Unterwassersprengkörpern tauchen und sie durch Entschärfung oder Sprengung unschädlich machen. Minentaucher werden von Minenjagdbooten oder von Land aus eingesetzt.

Prise: Durch Kriegsschiffe kriegsführender Mächte aufgebrachtes gegnerisches oder Konterbande führendes neutrales Handelsschiff.

Seeminen: Sind Sprengkörper, die am Meeresgrund liegen oder dort verankert sind. Im Gegensatz zu Antipersonenminen an Land ist der Einsatz nicht geächtet, unterliegt aber besonderen rechtlichen Regeln.

Mannschaftsdienstgrade:				
Kaiserliche Marine	**Reichsmarine**	**Kriegsmarine**	**Volksmarine**	**Deutsche Marine**
		Matrosenoberstabsgefreiter		Oberstabsgefreiter
	Matrosenobergefreiter	Matrosenstabsgefreiter		Stabsgefreiter
	Matrosengefreiter	Matrosenhauptgefreiter		Hauptgefreiter
Obermatrose	Matrosenoberschütze	Matrosenobergefreiter	Stabsmatrose	Obergefreiter
(Einjährig Freiwilliger)	Matrosenschütze	Matrosengefreiter	Obermatrose	Gefreiter
Matrose	Matrose	Matrose	Matrose	Matrose

Literatur- und Quellenverzeichnis

Arndt, Peter: Deutsche Sperrbrecher 1914–1945, Bonn 2005.

Barett, Michael B.: Operation Albion: The German Conquest of the Baltic Islands, Bloomington, 2008.

Brake, Moritz / Walle, Heinrich: 60 Jahre Deutsche Marine im Bild, Hamburg – Bonn 2016.

Chant, Christpher: Der Zeppelin, Augsburg 2000.

Diestel, Hans-Herrmann: Seeleute berichten, Rostock 2014.

Elfrath, Ulrich, u.a.: Die Deutsche Kriegsmarine 1935/1945, Augsburg 1998.

Fock, Harald: Kampfschiffe – Marineschiffbau auf deutschen Werften – 1870 bis heute, Hamburg 1995.

Gebauer, Jürgen / Krenz, Egon: Marine Enzyklopädie, Berlin 1998.

Graf Luckner: Seeteufel, Hamburg 1995.

Gröner, Erich: Die deutschen Kriegsschiffe 1815–1945, Bd. 2 und 3, Koblenz 1983 und 1985.

Gröner, Erich / Jung, Dieter: Die Schiffe der deutschen Kriegsmarine und Luftwaffe 1939–1945 und ihr Verbleib, Bonn 2001.

Jackson, Robert: Deutsche Kriegsschiffe im 2. Weltkrieg, Bindlach 1999.

Jentzsch, Christian / Witt, Jann M.: Der Seekrieg 1914–1918, Darmstadt, 2016.

Jung, Dieter: Die Kaiserliche Marine 1914–1918 und ihr Verbleib, Bonn 2004.

Kaak, Ulf: Die Flugzeuge und Hubschrauber der Marine, München 2014.

Kutzleben, Karl von / Schroeder, Wilhelm / Brennecke, Jochen: Minenschiffe 1939–1945, Hamburg 2002.

Koop, Gerhard / Breyer, Siegfried: Die Schiffe, Fahrzeuge und Flugzeuge der deutschen Marine von 1956 bis heute, Bonn 1996.

Kroschel, Günter / Steindorf, Klaus-Jürgen: Die Deutsche Marine 1955–1985, Wilhelmshaven 1985.

Lakowski, Richard: U-Boote, Berlin 1985.
Lampert, Günther: Sperrbrecher »Sperber« im Einsatz gegen Schiffe, Flugzeuge und Minen, München 1985.

Lipsky, Florian / Lipsky Stefan: Deutsche U-Boote, Hamburg – Berlin – Bonn 2006.

Lose, Bernd / Oesterle, Bernd: Das große Buch der Kriegsschiffe, Berlin 1993.

Mallmann-Showell, J.P.: Uboote gegen England, Stuttgart 1992.

Mallmann-Showell, J.P.: Die U-Boot-Waffe, Stuttgart 2001.

Mallmann-Showell, J.P.: Das Buch der Deutschen Kriegsmarine 1935–1945, Stuttgart 2009.

Meyer, Karl: Hochsee-Minensuchboote 1939–1945, Hamburg 2004.

Muller, Rolf / Adam, Manfred / Nobis Günter: Sperrgast 1, Berlin 1966.

Neukirchen, Heinz: Krieg zur See, Berlin1966.

Nowarra, Heinz J.: Minensuchgruppe Mausi, Illertissen 1995.

Nowikow-Priboi, A.S.: Tsushima, Berlin – Weimar 1954.

Ostertag, Reinhart: Deutsche Minensucher, Herford 1986.

Peters, Gerd: Ich wollte zur See, Rostock 2014.

Prager, Hans Georg / Mittelstedt, Manfred: Gefahr aus der Tiefe, Nordholz 2005.

Rössler, Eberhard: U-Boottyp XXIII, Bonn 2002.

Rössler, Eberhard: Die Torpedos der deutschen U-Boote, Hamburg – Berlin – Bonn 2005.

Rohwer, J. / Hümmelchen, G.: Chronik des Seekrieges 1939–1945, Hamburg 1969.

Rosentreter, Robert: Im Seegang der Zeit, Rostock 2000.

Schäfer, Knut / Seemann, Peter: DDR-Marine, Stuttgart 2014.

Schubert, P. / Weddige, E. / Sohst, H. / Wirth, E.: Die deutschen Marinen im Minenkrieg, Band 1, Rostock 2006.

Schulze-Wegener, Guntram: Deutschland zur See, Hamburg – Berlin – Bonn 2007.

Siem, Gerhard: Internationale Kriegsschiffe und U-Boote, St. Gallen 2012.

Staff, Gary: Battle of the Baltic Islands 1917: Triumph of the Imperial German Navy, Barnsley, 2008.

Thomer, Egbert: Z1 – Das Zerstörerbuch, Koblenz – Bonn 1973.

Wehler, Hans-Ulrich: Bismarck und der Imperialismus, Köln/München 1976.

Wetzel, Eckard: U 995, Das Boot vor dem Marine-Ehrenmal in Laboe, Erlangen 1996.

(Foto: Marinemuseum Wilhelmshaven)

Buganansicht eines Schiffes der Frankenthal-Klasse.